特别会处世的人这样做

的人这样做

张笑恒 编著

北京日报出版社

图书在版编目（CIP）数据

特别会处世的人这样做 / 张笑恒编著 . -- 北京：
北京日报出版社，2024.2

ISBN 978-7-5477-4766-7

Ⅰ.①特… Ⅱ.①张… Ⅲ.①人生哲学—青年读物
Ⅳ.① B821-49

中国国家版本馆 CIP 数据核字（2023）第 244656 号

特别会处世的人这样做

出版发行：北京日报出版社

地　　址：北京市东城区东单三条 8-16 号东方广场东配楼四层

邮　　编：100005

电　　话：发行部：（010）65255876

　　　　　总编室：（010）65252135

印　　刷：三河市祥达印刷包装有限公司

经　　销：各地新华书店

版　　次：2024 年 2 月第 1 版

　　　　　2024 年 2 月第 1 次印刷

开　　本：710 毫米 ×1000 毫米　　1/16

印　　张：10

字　　数：150 千字

定　　价：59.80 元

前言

PREFACE

在这个复杂的社会上行走，如果不会做人，不会说话，不会办事，就像去探险却不知哪里有坑，哪里有水，哪里又有蛇虫出没，自然会吃很多亏。

做人是一切的前提。要想在社会这个大海洋里不触礁，碰到大风大浪转危为安，一些做人的规则是不能不懂的。

比如，做人要善于隐藏自己的锋芒。那些才华出众而又喜欢自我炫耀的人，必然会招致别人的反感，甚至遭到明枪暗箭的打击。又如，做人要有大气度和大胸怀。如果连别人的一点儿意见、一点儿过错都容不下，也就不会有什么人缘。再如，做人要有底线。没原则、没主见的滥好人，并不能赢得他人尊重。

与人交往，会说话才有人缘。人人都有嘴巴，但不是人人都会说话。只有把对方放在心上，设身处地地关心对方感受，才能说出温暖人心的话。当对方生气或者难过的时候，安慰对方的情绪，而不是讲一些人人都懂的大道理，安慰的效果会好很多。

会说话还要讲究分寸，哪些话该说，哪些话不该说，要把握好度。别轻易许诺，答应的事就要做到，做一个言出必行的人。另外，说的话也不是越多越好，必要的时候保持沉默，也是会说话的一种表现。说话有分寸，相处起来也会更舒服。

会说话还体现在说好听的话、有趣的话。说的话有新意，妙趣横生，不仅会让对方有兴趣听下去，还会给他人留下一个风趣幽默的好印象。

要立足于这个社会，会办事是必备的本领。真正会办事的人都懂得互利互惠。可以设想一下，有一个人，既不能与你信息共享、情感沟通，也不能给你提供任何情绪上的价值。他只在遇到困难时跑来找你，这样的人你会一直为他提供服务吗？恐怕不会。人与人之间的关系不是索取和奉献，而是彼此互求互助。

真正会办事的人，绝不做"平时不联系，一联系就有事"的人。他们在平时就会注重人际关系的"感情投资"，懂得"晴天留人情，雨天好借伞"的朴素道理，也懂得在关键时刻拉人一把。

真正会办事的人，都懂得灵活变通，具体问题具体分析，而不是生搬硬套，一条道走到黑。美国的哈利德·威克教授曾经做过一个有趣的实验：把一些蜜蜂和苍蝇同时放进一只平放的细颈玻璃瓶里，使瓶底对着光亮处，瓶口对着暗处。结果，那些蜜蜂拼命地朝着光亮处挣扎，最终气力衰竭而死，而乱窜的苍蝇竟都溜出细口瓶颈逃生。在变化的世界里，不要被经验束缚了头脑，执着很重要，但盲目地执着是不可取的。

本书中的"会做人、会说话、会办事"，讲的是为人处世的道理，但却采用了纯漫画的轻松风格，生动再现了日常生活中的情境，让所有的大道理都能言之有物。另外，本书还设定了小滕、小勃、小灵、小妮四位有趣的人物，加入"指点迷津"的模块，以及从正面、反面进行鲜明对比的"做人大比拼"模块，更直观地进行答疑解惑，相信读者一定能有所启发。

为人"三会"，会做人是一种境界，贵在领悟；会说话是一种艺术，需要智慧；会办事是一种能力，讲究方法。让我们在看漫画的同时，也学习一下为人处世的道理。

目录
CONTENTS

中篇 会说话

下篇　会办事

人物简介

小灵
爽朗大方，心细如发，容易察觉别人情绪的变化，率真而又温情。

小妮
性格活泼，但有时心直口快，有时又不太注意旁人的感受。

小滕
洞察力惊人，情商高，表达力强，有情有义有魅力。

小劲
言辞令人忍俊不禁，但有时粗心，不够细致，很多时候有点儿糊里糊涂。

上篇 会做人

第一章

懂内敛，
藏起伤人的锋芒

恃才傲物，锋芒太露，难免会刺伤别人，甚至招人嫉恨，最终也会伤害自己。学会"守拙"，学会藏起"锋芒"，既是一种谦逊的美好品质，也是一种为人处世的智慧。

别人犯了错，委婉指正

　　　　每个人都有疏忽犯错的时候，如果你直接指出来，很容易让对方觉得是在批评他，也很容易伤和气。委婉地指出别人的错误，能让别人接受，也更能让对方感受到你的好意。

　　生活中，很多人都不理解，为什么有些人就是不愿意承认自己所犯的错误。事实上，这很可能是我们在沟通方式上出了问题。

　　张梁原本想在下班前把工作干完，没想到同事的数据出了点儿问题。张梁有点儿着急，忍不住在心里抱怨道："这点儿事都干不好。"

　　张梁直接去找同事说："你这个数据怎么对不上啊？"而此时同事正被自己的工作搞得焦头烂额，听见张梁的话也有点儿不耐烦，便回道："怎么就对不上了？"

　　张梁坚持指出同事的错误："你看，是这个地方你没填完整……"

　　同事听了，辩解道："怎么不完整？上次的表格就是这么填的！"

　　"这次要求和上次不一样！"张梁有点儿火气，内心吐槽同事这是什么态度。

　　其实，同事没有耐心也是可以理解的。首先，张梁一开口就指责对方的不是，同事听了难免会有抵触情绪。其次，同事当时正在忙，张梁直接过去打扰，也是不礼貌的。

　　虽然指出别人的错误是出于好心，但如果直接说"你错了"，不但换不来感谢，还有可能激怒对方。利用暗示的言语，委婉提醒，才能避免损伤别人的自尊心，让对方心平气和地了解真相，进而发现自己的错误。

故事
充会员送筷子

这筷子可真好看，我要带回家给我媳妇儿看看。

先生，我看您是第一次来就餐。这是我们特别为新会员准备的一双景泰蓝筷子。

会员？

这？喜欢也不能拿走啊……

是的，先生。一次性充值500元，就送一双价值98元的景泰蓝筷子。

不客气，先生。感谢您对我们的支持。那，刚才那双用过的筷子，我们就不送您了吧？因为没消毒呢，送您多不礼貌。

真的吗？那太好了。谢谢，我马上就去充值。

明白明白，不好意思了。

指点迷津

委婉指正，给对方台阶下

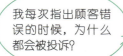

我每次指出顾客错误的时候，为什么都会被投诉？

顾客也是要面子的啊！

你是怎么做到既指出顾客的错误，又让顾客对你的工作十分满意的？

别人犯了错，委婉指出来，既是给对方台阶下，又能有效地解决问题。

如何委婉地指出别人的错误呢？

◆ 先赞扬再指出不足

我们可以先赞扬对方的优点，再从对方的优点，委婉地、善意地转移到对方所犯的错误上去，这样更容易让对方接受。需要注意的是，在指出对方不足的时候，切记不要使用"但是"等强硬转折的字眼，以免引起其反感。我们更多的是要表达一种希望和提醒。

◆ 先讲自己的过失

我们可以先说一些自己曾经犯过的错误，再从所犯的错误导致的结果出发，引出对方的错误，这样对方就不会觉得丢面子，也更容易接受我们的批评和建议。

◊ 运用暗示的方法

我们可以使用暗示的方法，比如利用寓言故事或者幽默笑话等方式，委婉地指出别人的错误。运用暗示的方法往往要比直接批评好很多，比如著名的《邹忌讽齐王纳谏》的故事就是如此。

做人大比拼
提醒别人的错误要委婉

我们可以用疑问句指出对方的错误。比如："我听说是这样的，你是这么认为的吗？"这样既能表达出自己的看法，又不会让对方觉得被指责。

我们可以通过温和友好的方式，给对方提供正确的信息，避免使用指责的口气。比如："这个事我有些不确定，但我查了下资料，可能正确的做法应该是……你觉得呢？"

我们可以在表达自己感受的基础上指出对方的错误，真诚地表达自己的担忧和不安，让对方明白我们的出发点。比如："我很担心这个错误会导致一些问题，我们一起来看一下如何解决吧！"

我们还可以通过循循善诱的方式，让对方自己得出结论。比如："你帮我看一下，我按照你跟我说的方法做，现在发现好像这里对不上，是不是？"较之于别人灌输的想法，人们更愿意相信自己得出的结论。

此外，还需要注意的是，我们在提醒或纠正别人的错误时，不要过于强势或傲慢，要充分尊重对方的感受和自尊心。在与对方交流的时候，可以先赞成或肯定对方的某些做法或说法，然后再委婉地指出不合理的部分，并给出正确的建议。比如："你说得很对，但是还有种做法可能更好……"

提醒要委婉

这里不能抽烟，你不识字吗?

您好，这里是无烟区。如果您能去外边抽烟，我会很感谢您的。

 批评要委婉

你们把提意见的访客都挡在门外，把我提的"开门政策"当耳旁风！你们还把我放在眼里吗?！

既然这道门的门槛如此之高，把找我的人都拒之门外了，那这样吧，给我把办公室的门拆了吧！

收起你的优越感

充满优越感的人，总将他人对自己的反感归结为"嫉妒"。他们大多自恃"身份"，认为旁人应该围着自己转。其实，这是对自我人际关系的一种巨大消耗。

生活中，我们不难发现，有这样的人：他们虽然反应敏捷，口若悬河，但是没说几句话就让人觉得不舒服，更不用说吸引别人了。这种人大多数都太爱表现自己，总想让别人知道自己高人一等。

王浩和朋友一起吃饭，几个朋友中有在外打工的，有摆小摊的，相对而言，王浩算是混得最好的。闲聊中，王浩止不住地高谈阔论起来，一会儿谈起在省城新买的房子，一会儿又聊在"新马泰"的旅游。朋友们安静地听着，因为根本插不上话。别说"新马泰"了，以他们的收入周边游都是一种奢侈。

一顿饭下来，王浩不仅讲完了自己的奋斗史，还有意无意地提到了很多自己的事情。比如结婚纪念日给老婆买了个大钻戒，还打算再给老婆换辆车等，这让在场几个朋友的老婆都羡慕、嫉妒不已。

这顿饭结束，大家都觉得不舒服，本来几个朋友聚一聚、聊一聊是很放松的事情，没想到最后成了王浩一个人的表演。打那以后的聚餐，大家都尽量不叫王浩了。

一个人处处想显示自己的优越感，以为这样能获得他人的认可和敬佩，然而结果只会让他在人群中失去威信。

故事
当来客粗鲁无礼时

指点迷津
学会从别人身上找优点

真不知道他哪儿来的优越感！

优越感十足的人，大多是因为情商低，说话不知分寸，习惯从"门缝"里看人，很容易让人反感。

我不想变成他那样，需要注意些什么呢？

多和优秀的人交往，拓宽自己的眼界，多从别人身上找优点。

优越感十足的人很让人讨厌，那么我们应该如何避免成为那样的人呢？

认识自己的不足

在克服优越感的过程中，首先要认识自己的不足。每个人都有自己的长处和短处，只有清楚地认识到自己的不足之处，才不会盲目自信，更不会轻视他人。

多与他人交流

通过与他人的交流，我们可以了解别人的看法和经验，从而更加客观地看待自己。此外，我们还应该多和优秀的人交流，从而拓宽自己的眼界。多与他人交流还可以培养自己的沟通能力和合作精神，避免夜郎自大，让自己更加注重团队协作和共同进步。

♀ 放下心中的偏见

人之所以会产生优越感，往往是因为心中存在一些偏见。这种偏见只会让人自我感觉良好，无法真正了解自己的不足之处。我们应该放下心中的偏见，尊重每一个人的个人价值，不以自己的标准衡量他人。

做人大比拼
收起你的优越感，因为完全没必要

取得绝对优势的人，一般不会卖弄自己的优越感，因为没有必要。你优势足够明显，别人自然就会仰慕。只有那种有点儿小优势就沾沾自喜的人，才会忍不住一再强调自己的优越感。如果你只是有一些小优势，那么你更应该保持低调，以免让别人更加讨厌你。

有人说，优越感这种东西就像内衣，你可以有，但是不能到处秀给别人看。如果你非要到处炫耀，结果不仅会恶心别人，还会出尽洋相。

所谓高情商，就是给对方优越感。

真正高情商的人，不仅不会凸显自己的优越感，还会主动给别人制造优越感。尤其是安慰别人的时候，最好的安慰方式，并不是告诉对方"一切都会好起来"，而是苦兮兮地说："我比你还惨呢！"

人与人的相处本身就是与对方的情绪共处，如果自己的回答不能调动对方的情绪，不能让对方产生"和你聊天非常愉快"的感觉，岂不是让自己显得情商太低？这种让人舒服的程度，往往决定你能到达的高度。当你给对方带来情绪价值的时候，你自然就会受人欢迎。

大城市、小城市，各有各的好

真羡慕你毕业后留在了大城市，我在老家感觉都没啥奔头儿！

你还在老家上班呢？待在十八线小城市混吃等死能有什么出息，赶紧来我们一线城市吧，那才是年轻人该待的地方。

真羡慕你毕业后留在了大城市，我待在这十八线小城市，和你们没法比！

待在老家也挺好的啊！物价低，但生活质量高啊！何况现在小城市发展也很好，有许多创业机会，可以大有作为。

高情商，就是给对方优越感

好烦啊，谈个恋爱净吵架！

又吵架了？不是我说你，你总在垃圾堆里找男朋友，能有啥好？还不如学我单身，乐得自在！

好烦啊，谈个恋爱净吵架！

小情侣床头吵架床尾和，我想找个人吵架还没有呢……

有才华，也不要随意卖弄

生活中总有一些人喜欢夸夸其谈，卖弄自己的学识才华，嘴上滔滔不绝，大道理一套又一套，却从来没有做出过什么实际的成绩，不过是井底之蛙而已。

有人才华横溢，有人聪明盖世，这些人原本是令人艳羡的，但是不排除有一部分人仗着自己的才华或天赋，喜欢在人前卖弄，以显示自己的不凡。当他们在别人面前炫耀的时候，他们不仅得不到别人的尊重，还会引起他人的讥笑和反感。

苏轼自小才华横溢，并且在当地小有名气。他为此大为得意，还在书房门上洋洋洒洒写下一副对联："识遍天下字，读尽人间书。"

有一天，一位白发苍苍的老者登门拜访，他对苏轼说："听说苏才子学问盖世无双，老朽特来请教。"苏轼听了很是高兴。只见老者将一本书送给苏轼，苏轼发现里面的字大多不认识。老者见其面露难色，便安慰道："天下那么多书，公子没见过也难免，我再去请教别人吧！"

苏轼听后，更是羞愧得无地自容。拜送老者走后，他重新改写了门上的对联："发奋识遍天下字，立志读尽人间书。"

心理学有个概念叫"达克效应"，意思是，越是无知的人越以为自己聪明。当一个人到处卖弄自己的才华和学识时，反而暴露了自己的无知和浅薄。

故事
无知妇人与井底之蛙

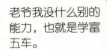

老爷我没什么别的能力，也就是学富五车。

是是是，老爷您学问大着呢。

你这是要干什么去啊？

我去地里挖野菜啊！

无知妇人，左手是篮，右手也是篮，小篮放在大篮里，两篮何不并一篮？

井底之蛙，县官是官，棺材也是棺，县官放在棺材里，两官（棺）何不并一棺？

谨言慎行，不刻意显摆

见笑了，我原本觉得自己挺有才华的……

在学识不高的人面前卖弄文化，并不能显得你多有才华，反而会凸显你的肤浅和无知。

不敢了，不敢了，具体我要怎么做呢？

谨言慎行，不刻意显摆，学会在低调中修炼自己，充实自己。

如何才能避免卖弄学问呢？我们不妨少一些高谈阔论，多一点儿具体措施。

很多人对于诸多事情，总喜欢发表个人见解。而一个人的见解是对于某种事物的观察分析所得。所得能形成一种见解原本是一件可喜的事情，但如果急于求成，一有所得，便不看对象，不分场合，立即发表出来，往往是没有好处的。

少一些高谈阔论，多一点儿具体的切实可行的办法，才是比较正确的选择。当别人向你请教或者求你帮忙时，如果你可以拿出具体的办法或方案，着重于问题的解决，肯定要比发表"高见"有用得多。而且，不说空话，又能干得成实事，也会给人留下一个成熟稳重的良好印象。

做人大比拼
真正有本事的人，大多深藏不露

人外有人，天外有天。有知识的人不会卖弄，而卖弄自己懂得多的人往往并不是真有知识。就连苏格拉底都一再告诫自己的门徒："你只能确定一件事，那就是你一无所知。"

职场上那些本事高深的人，往往深藏不露，因为他们知道恃才傲物、喜欢卖弄自己的人，可能一不小心就会惹祸上身。"木秀于林，风必摧之。"保持谦虚谨慎的态度踏实工作才是正道。

面试的时候更是如此。面试中，我们需要表达自信，但自信不等于卖弄。有些能言善辩的面试者，常常表现得过于自信，让面试官觉得他虽然能力还不错，但日后在人际交往上肯定会出现问题，最终与心仪的工作失之交臂。

生活中，即使我们真的很聪明也不要太出风头。英国政治家查斯特菲尔德教育儿子说："你要比别人聪明，但不要告诉别人，你比他聪明。"在待人接物时，显摆自己的雕虫小技，不管在什么人面前都想露两手，这样的人很容易自我膨胀，忘乎所以，最终遭遇失败。

俗话说："满瓶子水不响，半瓶子水晃荡。"那些因为自己有点儿才华就随意卖弄的人，其实并不是真正的厉害，水平也十分有限。一个人因为自己的才华而到处显摆，往往就会忘记要继续进步，更别提虚心请教了。时间长了，这些人那点儿才华就会湮灭，最终泯然众人。

人外有人，天外有天

 面试的时候保持谦虚谨慎

真正会做人的人，从不摆架子

爱摆"身架"的人，哪怕只当了个芝麻大小的官，也要把官腔打得十足，一副很威风、了不起的样子。殊不知，"身架"摆得越高，在别人心目中的"身价"就越低。真正会做人的人，反而平易近人，没有架子。

但凡喜欢趾高气扬的人，都会被人在背地里说上一句"摆什么臭架子"，而他本人却浑然不知。

某教授投稿到报社，一直杳无音讯，便气急败坏地打电话催问。编辑拿出稿件一看，文末落款足有二十多个头衔，占了大半页稿纸。这位教授大概以为，凭借这些头衔，随随便便就可以发表一篇文章。可惜，他的文章并没有达到出版标准。

有趣的是，接完电话，编辑在退稿信中，还别有意味地把教授所有的头衔抄了一遍，并在后面附上一句："水平不够，恕不能用。"

"架子"是一种很虚伪的面子，一旦拿起来，表面上是往自己脸上贴金，但实际上是给自己抹黑，还让别人看了场戏。

真正厉害的人，是以一种人人平等的眼光看人，不会因为他人比自己弱一点儿就大摆架子，更不会瞧不起默默努力的人。而那些趾高气扬，喜欢端着架子的人，往往是内心缺乏自信，想以此引起别人的关注和体现自我价值感。

故事
董事长也可以帮忙干活儿

滕总，为什么我说什么，下属都不愿意听？

大家不听你说什么，只看你做什么。

那我具体该怎么做？

在大家需要的时候，挺身而出，做出表率。

怎样才能放下架子？

想要放下架子，就需要明白面子不是别人给的，而是自己挣的。而想要挣得面子，首先要理解别人的感受和想法，懂得换位思考，要学会包容和理解。

想要放下架子，就需要在内心深处认可"自己是值得被尊重的"，在自我肯定中获取价值感，而不是靠外在的吹捧。我们需要让自己冷静下来，不去纠结别人对自己的看法，然后真正脚踏实地做出一番成就来。

想要放下架子，就需要我们放低自己的姿态，收敛傲慢的态度，多出去交朋友。架子的本质其实就是骄傲，要放下架子，也就是要消除骄傲自满的情绪。每个人身上都有值得我们欣赏和学习的地方，不论在哪里工作，我们都会遇到在某一方面比我们优秀的人。我们应该收起自己的傲慢，表现得谦恭一点儿，在与优秀者合作的过程中逐步提高自己。

做人大比拼
不摆架子，才有面子

　　爱摆架子的人，通常自己没什么真本事，无事之余，通过摆架子的方式找找存在感。但凡真的遇到什么事情，他们只会逃避。

　　尤其是在工作中，有些领导，喜欢把他人的事情安排得妥妥当当，喜欢搞特权，仿佛这样才能彰显出高人一等的地位。这样的人似乎除了吩咐别人，其余什么也不做。上级交给他的任务，他转头就交代给下属。下属做得好，他便向领导给自己讨赏；下属做得不好，他便把责任全推给下属。

　　爱摆架子的人，往往并不知道架子只是表象，其实透过那层表象看到的只有自己的浅薄无知。通过摆架子，他们并没有得到想要的面子，还与身边的人拉开了距离，产生了隔阂。而真正有面子的人，往往从来不会摆架子。

💡 不摆架子，才有面子

第二章

大气度，
格局决定人生高度

李斯在《谏逐客书》中写道："泰山不让土壤，故能成其大；河海不择细流，故能就其深；王者不却众庶，故能明其德。"一个人的格局决定他的人生高度。我们宽容待人时，不仅能展现我们的风度，也能成就更好的自己。

有理也要让三分

为人处世，如果自恃有理就咄咄逼人，不但不能解决问题，还会使彼此之间的矛盾进一步扩大。得理不饶人，赢了道理，输了格局；有理让三分，理要直，气要"和"。

中国有句老话："有理也要让三分，得饶人处且饶人。"这句话是在告诉我们，凡事都应该适可而止，即使你有理，也该适当让步，不要把别人逼到绝路。同事之间的相处也是如此。

蔡雯是公司里学历最高的员工，而且口才极佳，办事能力比较强，很受领导赏识。每次开会，她都会积极表达观点。如果同事提出不同意见，她觉得这个意见不够成熟的话，就会毫不客气地当场驳斥。她的伶牙俐齿往往令同事颜面无存。

有时候同事不小心得罪了她，哪怕是比她年长，或是资历比她深的前辈，她也会借着开会发表意见的机会给予回击，一点儿都不顾及同事的感受。在她的观念里，只要自己是对的，别人是错的，就应该开诚布公地说出来，没必要讲情面。她认为这是对事不对人。

很快，同事们就纷纷远离她，除了老板，没人愿意和她说话，也不愿意配合她做好工作。最后，她只好选择离开公司。

事实上，蔡雯的工作能力一点儿也不差，差就差在她不懂得人情世故，不懂得给他人留余地，忘了"有理也要让三分，得饶人处且饶人"的道理。

故事
如何面对顾客的无理指责

指点迷津
越是有理，越要礼让三分

如何才能做到"有理让三分"，从而避免发生冲突呢？

♀ 要宽宏大量

人与人之间经常会发生矛盾，这些矛盾往往并不严重，可能只是因为一时的误解而已。这个时候，如果你能够保持风度，以宽容的态度去对待别人，就很容易缓和矛盾，甚至发展出新的友谊。

♀ 要从容自如

发生冲突时，不妨对自己说一句"没什么大不了的"，你就会冷静下来；忧愁烦恼时，说一句"没什么大不了的"，你就能得到一些安慰；取得成就时，说一句"没什么大不了的"，你才能谦虚谨慎。遇事从容自如，才能避免冲突。

◆ 不要对只言片语耿耿于怀

对于小事或别人的只言片语耿耿于怀的人，在事业上是干不出什么成就的。在工作中，我们应该抑制住个人私欲，更不要为了一己私利去争个面红耳赤。只有我们放下对小事的介怀，人际关系才会变得更加轻松。

做人大比拼
有理让三分，显修养

◆ 有了分歧，切忌与人发生正面冲突

口头冲突除了浪费时间和影响感情外，其实很难争论出输赢。因为越到最后，双方理智越少，情绪的发泄就越多，最终就变成各说各的，谁也说服不了谁。

有理让三分，让不是"输"，也不是软弱，更不是委曲求全。对方无理争三分的时候，也正是头脑发热的时候。这时，我们可以避开正面冲突，先让三分，等对方头脑冷静下来之后，再晓之以理。有理者让了步，好像是吃了亏，但是却表现出了修养，缓和了矛盾，甚至会让对方自觉理亏，主动做出让步，这样更容易解决问题。

◆ 给人留情面，切忌咄咄逼人

善于社交的人，往往懂得在交流中给对方留情面，有时甚至还会巧装糊涂，给对方一个台阶下。因为他们知道，含蓄的语言比犀利的话语更能打动对方。与人交往，一定要学会照顾别人的情面，千万不要咄咄逼人，否则只会让人厌恶，并给人留下刻薄的坏印象，从而变得不受欢迎。

对于一个人来说，不讲理，是一个缺点；硬讲理、认死理，是一个盲点。很多时候，理直气"和"远比理直气"壮"更能说服人、影响人。一个人如果硬讲理、认死理，不留一点儿余地给别人，不但不能说服对方，还会导致身边的人疏远自己。

有了分歧,切忌与人发生正面冲突

儿子,隔壁老头儿太过分了,修院墙越过了中界,快回来帮我……

老爸,我这就回来给您出气。

儿子,隔壁老头儿太过分了,修院墙越过了中界,快回来帮我……

生气发怒只为墙,让他三尺又何妨,长城万里今犹在,不见当年秦始皇。

给人留情面,切忌咄咄逼人

你们这是什么地板,摔死我了!你们必须马上把我送到医院检查治疗!

您的鞋底都磨平了,滑倒能怪地板吗?

先生,实在抱歉,我这就找人带您去医院检查。另外,小妮,快去给顾客拿双舒服的拖鞋换上。

你们这是什么地板,摔死我了!你们必须马上把我送到医院检查治疗!

原谅别人的小过错

总有人喜欢揪着别人的小错不放，不断指责对方，非要对方付出一些代价，才能心理平衡。有一位名人说过："因为人是人，人不是神，不免会有错处，可以原谅人的地方，就原谅人。"原谅别人，就是给自己和别人留余地。

人的成长是一个试错的过程，人的一生都是跌跌撞撞走过来的。吃一堑长一智，知错能改善莫大焉。所以，对于他人的小过错，就不要过分责难了。

春秋时期，晋灵公生性残暴，动不动就滥杀无辜。有一次，由于厨师做的熊掌没有完全熟透，晋灵公一气之下就把厨师杀了。大臣赵盾进宫劝谏，晋灵公非但不买账还怀恨在心，居然派人去暗杀赵盾。而晋灵公也因其残暴的行为引起公愤，最终被人刺杀。

晋灵公因为厨师的小错耿耿于怀而痛下杀手，引发了后来一系列的事件，最终落了个被杀的下场，可谓自作自受。

生活中类似的事情也时有发生。比如，有些人动不动就说"要不是你搞砸了""要不是你上次搞错了""要不是你不小心"等等，总是翻旧账，动不动就挖苦嘲讽，这样必然会挑起事端，最终引火上身。

如果别人犯了一点儿小错误，我们就揪住不放，大肆责难，必然会产生很多不良的后果。对方以后可能就尽量不做事了，因为多做多错，少做少错，不做不错。而且对方在你面前也容易关闭心门，那么你很可能就不知道真相了。更有甚者，对方可能因此对你心生怨恨，埋下祸端。

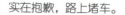

故事
得饶人处且饶人

实在抱歉，路上堵车。

实在对不起。这样，外卖就算我请您吃了，千万别投诉啊！您一投诉，我这个月就白干了！

退回去吧，晚了十分钟，面都坨了，没法吃了。我要投诉。

那不行，放过你，就是对那些准时送餐的人的不公平。不守时是要付出代价的。

面条坨了软乎乎的，我就喜欢吃这样的面条。给我吧小勤，别难为外卖员了，我再给你买一份。

大哥，这样我们不就吃亏了？

老哥，好人啊！太谢谢您了！

外卖员也不容易，得饶人处且饶人啊！

不要总揪着别人的错误不放

为什么别人犯的错，我不能去指责呢？

别人犯的错，你揪着不放，其实是跟自己过不去。

那我该怎么做？

为人处世，学会宽容，不要总揪着别人的错误不放。凡事给别人留点儿余地，也是给自己留余地。

学会原谅别人的小过错，具体我们该怎么做？

◊ 用同理心感受对方的感受

有时候我们很容易陷入自身的情绪陷阱中，便很难考虑别的事情了。这个时候，我们不妨尝试着用同理心理解对方的感受，换位思考一下。当我们学着感同身受的时候，我们就会慢慢学着宽容他人。有些事情并没有造成多大的麻烦，也没有带来什么伤害，我们就需要给对方一些谅解。

◊ 学会笑着说声"没关系"

如果揪着别人的小错不放，我们自己也会一直处于负面情绪中，这对我们的身心是没有好处的，此时我们不妨笑着说声"没关系，只是小错而已"。"没关系"是我们对别人的原谅，也是我们对别人的理解和包容，更是我们与自己的和解。

做人大比拼
只要不是原则问题，没必要小题大做

　　金无足赤，人无完人。人在做事和与人相处时，不可能不犯错。如果对方犯了错，我们总是揪着不放，总拿着对方的过错说事，结果既会伤了对方，也会害了自己。

　　如果你的下属犯了错，只要不是原则问题，你作为领导，就没必要小题大做。越是斤斤计较、吹毛求疵，越会让人觉得你不近人情。这个时候，如果你能换个心态，原谅、鼓励或耐心指导下属，往往会收到意想不到的效果，对工作效率的提升也会大有帮助。

　　如果对方是你的朋友，你总是把他的过错记在心里，还时不时地拿出来提上一嘴，无疑会伤害你们之间的友情。即使对方表面上没有不悦，内心也肯定会抱怨，友谊的裂痕会一点一点地累积。如果你能放下对方的过错，那么彼此相处起来也会更容易。

　　如果对方是你的爱人，对方犯了错，你表面上已经原谅了，但其实依旧记在心里，那对彼此都是一种痛苦的折磨。与其相互折磨，不如选择放下，两个人都会轻松很多。

　　如果对方是你的孩子，千万不要因为他们犯了小错，就严厉地呵斥他们，这样很可能会对他们幼小的心灵造成巨大的伤害。相反，如果你能用讲道理的方式，悉心教导他们，帮助他们改正错误，然后就此翻篇儿，教育的效果往往会好很多。

原谅下属的判断失误

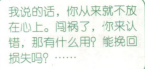

对不起，老板。由于我的判断失误，给公司造成了这么大的损失……

我说的话，你从来就不放在心上。闯祸了，你来认错，那有什么用？能挽回损失吗？……

对不起，老板。由于我判断失误，给公司造成这么大的损失。您开除我吧。

开除你，这么多学费不是白交了？吸取教训就行。

原谅下属的操作失误

对不起，对不起，电脑断电自动关机了，方案没来得及保存……

怎么搞的？这种低级错误都能犯？这么晚了，你让这么多人陪你加班吗？

今天的方案我也不太满意，既然丢了，大家就回去再想一想，看看有没有更好的。散会！

对不起，对不起，电脑断电自动关机了，方案没来得及保存……

有人与你争辩，让他赢

　　在生活和工作中，如果我们和他人起了争执，与其针锋相对，不如以柔克刚，四两拨千斤。不管孰是孰非，先让他赢，这样争执或许会得到更好的解决。

　　俗话说："胜者为王，败者为寇。"这句话通常是用来形容名利争夺或权位争霸的。如果在日常生活中，你将其作为为人处世原则，那么你就会落个处处树敌，进而被孤立的下场。

　　聪明的一休出名后，总有人前来挑战，想把"聪明人"的头衔夺过去。一次，一位武士找到一休，说："我们来打个赌，你猜我手中的鱼是死是活？"

　　一休很清楚，如果他说鱼是死的，武士就会松开手，放出一条活鱼；如果他说鱼是活的，武士就会使劲把小鱼捏死。于是，一休回答："鱼是死的。"

　　果然，武士开心极了，他放开手，放出一条活鱼来，大笑道："你输了，我赢了，我才是聪明人！"一休笑着附和，恭敬地目送武士下山。

　　一休猜输了，却赢了一条活鱼。一时的输赢与一条鲜活的生命比起来，是极其渺小的。

　　一时的输赢说明不了什么问题，你让对方赢，你也不会失去什么。相反，如果你总喜欢争执，喜欢逞一时口舌之快，总觉得把别人辩得哑口无言，才是真正的赢家，那么你其实输掉了人缘，也输掉了好心情。

故事
我完全同意你的意见

指点迷津
先同意再化解

对方无理取闹，为什么不能反驳？

有人与你争辩，如果你一定要跟他争个长短，那么很快你也会变成无理的一方。

什么也不做太便宜他了，我要怎么做才能让自己不那么恼火？

可以先"同意对方的观点"，用善意的幽默化解可能发生的冲突，再针对对方言语里的逻辑漏洞一击即破，便可巧妙地化解危机。

有人与你争辩，具体要怎么做？

○ 让对方赢

不管什么时候，都不要轻易与人争论，尤其是争强好胜的人。如果对方不依不饶，非要跟你论个高下，你可以先让他赢。

先同意对方的观点，用善意的态度、幽默的方式，巧妙地化解可能发生的冲突，再顺着对方的逻辑一击即破，便可化解危机。

○ 跟自己争

人最大的敌人其实是自己，只有战胜自己，才是真正的赢家。与其和别人争执不休，把自己气得不行，不如和自己争：争你的为人处世更良善，争你帮助了多少人、影响了多少人，争你今天的所作所为、所思所感是不是赢过了昨天的自己，争你每天让自己进步一点点，开心一点点。

做人大比拼
停止毫无意义的争论

毫无意义的争论能给人带来什么呢？你可能会失去一位朋友或客户，收获一个敌人或糟糕的心情。即使你争赢了，也不会有人因此而大赞你的学识和能言善辩，因为真正能言善辩的人是懂得如何让人心悦诚服的，真正的"说话高手"不是"会吵架"而是会说话、会做人。

○ 不与老婆争对错

和老婆争对错的男人，要么没气度，连自己的老婆都不愿意让一下，可谓气量狭小；要么没本事，老婆一说啥就触动了他敏感的神经，非得争个面红耳赤；要么脾气臭，情绪不稳定，动不动就发脾气，非要争个长短。

不管在什么情况下，男人与老婆争论不休都是得不偿失的，因为家不是讲理的地方，容易赢了道理却输了感情。对亲近的人，一定要先处理好心情再处理事情。男人不妨谨记三个原则：气头上，不要争；小问题，无须争；大事情，不急着争。家里的事情，很多时候，争论是解决不了的，只能寻找适合的时机心平气和地沟通。

○ 不与领导争高低

与领导争高低，是一件愚蠢的事情。

首先，在外人面前与领导争论，会让对方下不来台，甚至直接跟你翻脸，也无法有效地解决问题。如果认为领导有错，不妨私下里与其单独沟通。

其次，领导掌握着一定的权力和资源。如果你得罪了领导，未来你很难有更好的发展机会。

最后，你给领导留面子，领导也会给你留面子，成就领导也就是成就自己。领导之所以是领导，必有其过人之处，我们应该以学习的心态与领导相处，为其排忧解难，以得到更好的收获。

不与老婆争对错

老公，把酱油递给我，就在那儿！看不见吗？笨死了！

哪儿有，你自己看看哪儿有？

老公，把酱油递给我，就在那儿！看不见吗？笨死了！

我肯定没有老婆大人聪明啊！不过，酱油瓶已经空了，我这就出去买。

 工作之中懂变通

这个时候怎么可能下雪，我在这儿住了这么多年都没见下过雪。你这个计划肯定不行！

天气预报说了会下雪的，你怎么能只凭个人经验呢？

你这方案不行！我在这儿住了这么多年，也没见这个时候下过雪！

好吧，也许你是对的。那这样，我们再做一套不下雪的方案。这套下雪的方案留着备用就好了。

第三章

讲原则，
守住底线方得始终

"人不可无刚，无刚则不能自立"，这里的"刚"就是指原则。为人处世，除了会变通之外，还应该坚守自己的原则和底线。无论什么时候，做什么事情，都不能越过这条底线，否则只会因小失大，得不偿失。

与人相处，别老想着占便宜

古语云："贪小利，失大利。"意思是追求小利，会造成重大损失。在人际交往中，你处处想着占便宜、捞好处，其实是在破坏自己的人际关系，将自己推入腹背受敌的境地。

生活中喜欢占人便宜的人，往往工于算计，爱计较，给人的印象也是人品不可靠，修养不够。

徐亮贪图大哥家住的大房子，便向母亲提出要求用自家老房子与大哥家的大房子交换。大嫂不同意，徐亮就带着妻儿，以看望母亲为由，搬进了大哥家。在生活琐事的摩擦中，大哥、大嫂被徐亮一家气得搬回了老房子，并最终与徐亮置换了房产。

徐亮自以为占了很大的便宜，心里偷着乐。可没过多久，家里的老房子居然要拆迁了，他这才知道自己占了小便宜，吃了大亏，后悔不已。

做人不要总想着占别人便宜，因为没有任何便宜是白占的。天下没有免费的午餐，终有一天，你会为此付出昂贵的代价。

这个社会，少有真正的傻子，只有愿意装傻的人。你能占到别人的便宜，不是因为你精明，而是因为别人大度；你能抢到好处，不是因为你厉害，而是因为别人善良。

占同事便宜，工作会更吃力；占朋友便宜，友情会有嫌隙；占亲人便宜，亲情会变疏离；占爱人便宜，婚姻会出问题……真正精明的人，从来不去占别人的便宜，因为他们知道：占小便宜，吃的是大亏；抢别人的好处，丢的是人品。

指点迷津
谢绝占便宜的同事，展示强硬态度

赵哥怎么这么爱占别人便宜啊?

这是一种短视的"精明"，殊不知，每一分便宜，早就暗中标好了价格。

同事总爱占我便宜，我该怎么做?

遇到爱占便宜的同事，要勇于展示强硬的态度，并巧妙地堵住对方所有占便宜的通道。对于那些工作交集不大、关系不太亲近的同事，不妨开门见山，直接摊牌。

怎样对待爱占小便宜的人?

首先，我们需要调整自己的心态。面对那些喜欢占小便宜的人，我们应该保持冷静，不要被他们的行为影响。同时，我们也不能一味地抱怨，而应该采取积极的态度，努力寻找解决问题的办法。

其次，我们需要明确自己的立场。面对那些喜欢占小便宜的人，我们应该坚持自己的原则，不要妥协。如果必须让步，也要在自己的底线范围内，不能一味地迁就对方。还有些占小便宜的行为，有时可能是因为信息不对等或者误解导致的，这时，我们应该先与对方进行充分沟通，让对方了解我们的观点和立场。

最后，我们需要增强自我保护意识。对于那些一再占便宜的人，我们应该保持警惕。同时，我们也可以采取一些措施，设立防范机制，甚至寻求法律援助，保护自己的权益。

职场中，这几种小便宜千万不能占，否则吃亏的就是你自己

○ 同事请客的便宜不能占

一顿饭吃不穷，所谓小投入，大回报。平时买点儿零食分享给同事，没有同事会说你不好。同事之间的关系融洽，心情愉悦，也有助于开展工作。相反，如果总喜欢占别人的便宜，受人之惠却从来不想着回请，甚至都不记得，就很容易落下一个"抠门儿"的坏印象。时间长了，大家就会慢慢疏远你。

○ 同事聚餐的便宜不能占

无论是公司聚餐，还是同事之间的聚餐，如果有领导或者组织者已经提前申明，这次聚餐采用的是 AA 制，那么我们千万不要在聚餐结束之前提前离场。总是占这种便宜，很容易败光你的人缘和名声。

○ 新同事的便宜不能占

一些老员工，总喜欢在公司里欺负新人，将自己的一些累活儿、麻烦的活儿安排给新人来做，表面上是占了便宜，但其实失去了与新同事真诚、平等交流的机会。而且，说不定这些新来的同事，将来还有可能成为你的领导，到时候只会让自己更尴尬。

○ 出差的便宜不能占

很多人出差有一个坏习惯，总喜欢把个人消费一起算在公司账上报销。一个人一旦在出差的时候占了公司的便宜，如多做了一些账单或者多搞了一些发票，那么很容易触犯原则问题，搞不好还会被辞退。即使不被辞退，也会失去领导的信任，得不偿失。

受人之惠要记得

哦，好吧。

你去吃午饭，帮我带一份凉皮呗。

每次都让我带，每次都不付钱，讨厌死了。

一杯酸梅汤而已，你还记那么清楚。

昨天你给我买酸梅汤，今天我请你喝奶茶。

 请客吃饭要轮流来

走，吃饭去。

不去了。

一到结账，不是手机没电，就是手机卡了，谁和你去？

走，吃饭去！上次你请的吧，这次该我了。

好吧，那下次换我请。

对不合理的要求，学会拒绝

　　工作中，我们偶尔会遇到他人向我们提出一些不合理要求的情况。这些要求让我们很是头疼，不答应又怕得罪人，答应自己又会很辛苦。其实，对于自己的能力、时间或者精力无法完成的不合理要求，想办法拒绝才是上策，胡乱答应反而得不偿失，甚至帮倒忙。

　　同事找你帮忙时说："帮我做个表格吧，用不了几分钟。"你看着自己手边剩下的一堆还没做完的工作，心烦意乱，想要拒绝，又觉得不好意思。一番内心挣扎后，你还是不情不愿地同意了……

　　无论是在工作中还是生活中，总会遇到有人找我们帮忙的情况。很多时候，我们很愿意去帮助他人，因为帮助别人的同时也会体验到一种满足感和价值感。然而，有些时候，我们更多的是一种"被迫"帮忙，因为很多人会觉得拒绝是一件很困难的事。

　　当一个人无法拒绝别人的不合理要求时，就意味着要承担更多的任务和责任，这很可能超出了自己的能力范围，导致身心俱疲。长期下来，自己的时间和精力都会被挤占，从而无法保证正常的休息和放松，最终影响了工作和生活质量。

　　我们应该坚守自己的原则，守住自己的底线，不要因为所谓的"面子""交情"而去做一些自己不想做的事情。

　　我们要乐于助人，但也不必为了一些不合理的请求而委屈自己。对于自己力所不能及的事，学会拒绝，既是对别人负责，也是对自己的尊重。

故事

对不合理的要求，学会拒绝

指点迷津
答应别人前，要认真衡量

滕哥，我只是好心帮忙，怎么最后都变成我的不是了……

答应了却没有做好，最后难免会落得他人埋怨啦，你这个忙还不如不帮。

那我该怎么做呢？别人找我帮忙，我也不好意思拒绝啊！

答应别人前先认真衡量自己的能力、时间和精力，如果做不到，就果断拒绝。

职场中，如何婉拒不合理要求？

我们可以礼貌地表达自己的想法，并给出合理的解释。你可以说："很抱歉，我不能接受这个请求，因为我还有其他的任务需要完成。"或者说："对不起，我还有私人的事情需要处理。"注意，一定要说明原因，表明自己的能力、时间和精力有限，让对方觉得拒绝是完全合理的。

我们还可以提出替代性的方案，比如："很抱歉，我帮不了你的忙，这一块儿业务我不是很熟，你要不试着找其他人看看？"

需要注意的是，我们在拒绝同事的时候，要避免使用带有攻击性的语言，要保持客观、冷静的态度，表达对事不对人的立场。比如，你可以说："我理解你的想法，但是我认为这个要求并不合理。"

做人大比拼
巧妙拒绝老板的不合理安排

老板频繁地把工作推给你做，无外乎三种原因：第一，你是他第一个想到的能解决问题的人；第二，你之前完成过他类似的工作安排，看起来很好商量；第三，领导认为你是他的左膀右臂，于情于理都要帮忙。属于哪一种情况相信你很容易分辨。

其实无论哪种情况，领导有这样不合理的安排，并不是因为详细的评估，而是作为管理者，直接表达自己的预期而已。如果这些预期超出了你能力和精力的底线，让你承担了过重的工作，甚至导致你身体上的损伤和精神上的焦虑，那么你一定要巧妙地拒绝。因为职场生涯很漫长，为了持久续航，你不应该提前透支自己。

绝大多数情况下，老板对你提出要求时，其实已经设想过了你的反应，无论是接受还是拒绝，老板都不会太惊讶。所以，你要勇敢地说出自己的真实想法，阐述客观条件，合理地拒绝不合理的工作安排。

你还可以通过提供解决问题的建议来委婉拒绝，比如，你可以建议由其他人来执行，或者根据工作内容，帮助领导找到对应负责的部门或人员，又或者推荐雇佣第三方来解决。

如果领导依旧坚持，你不得不接受的话，你仍然有合理的应对之策。你可以跟领导说明现有工作量，为了接入新的工作，请领导重新安排现有的超额工作。你还需要跟领导明确协助周期，防止接入新工作变成常态。另外，如果占用了非工作时间，你也可以提出以金钱或休假作为补偿等。

💡 巧妙拒绝老板的不合理安排

小勃，手头的活儿停一下，先帮我整理一下客户资料，一会儿开会要用。

好吧……

小滕，手头的活儿停一下，先帮我整理一下客户资料，一会儿开会要用。

老板，我在赶您前两天安排的那个项目的进度，如果去整理客户资料，可能会耽误一点儿进度，您看……

💡 巧妙拒绝同事的不合理请求

小勃，你帮我改一下这个方案呗，客户等着要。

好吧……

小滕，你帮我改一下这个方案呗，客户着急要。

真不凑巧，我这儿也有一个客户等着要方案呢。抱歉！

不做"应声虫"，随声附和也要讲究技巧

生活中有一种人，无论谁向他们提出要求，或者跟他们说件什么事，他们只会回答"是"。这种没主见的附和，虽然省力，却一点儿也不讨喜。

工作中，很多人有时候明明有自己的想法，却轻易地被别人一两句话说服，随波逐流地顺从了别人的想法。其实，这是因为担心自己不认同别人的想法时，别人也不会认同自己，便养成了随声附和的习惯。

这种随声附和式的"听话"，在某种程度上也意味着，你其实是一个不善于思考、没有主见的人。作为员工你可能觉得，只要做好领导吩咐的事情就好。但事实上，工作谁都会干，关键是用什么方式干。

如果你总是亦步亦趋地按领导说的去做，是不可能获得较大成长的。领导如果只想找个会干活儿的人，机器人会更"听话"。领导需要的不只是一个听话的员工，而是一个有能力、有担当、有创造力的员工。

像"应声虫"一样太听话，会让我们失去自主选择的权利，失去独立判断的能力。身在职场，听话的前提是要会思考、会判断、会沟通、会反馈。

故事
随声附和讲技巧

现在的生意越来越不好做了，公司效益这么差，我这个做老板的还不如你们几个挣得多，还不如关了公司给人家打工去算了。

现在市场不景气没办法，行情就是这样的。不过以老板您的实力就是打工也能挣不少。

可别啊！有些人就是天生当老板的料，有头脑有远见，而且对员工也很照顾，要是都去当员工了，谁来给我们发工资啊？

合着我们当老板就是为了给你们发工资啊！

指点迷津
肯定对方的同时，不做"应声虫"

滕哥，我顺着别人的话说，怎么还不招人待见啊？

毫无原则、一味附和，会让人觉得像"应声虫"一样，既卑微又显得没头脑，还有溜须拍马之嫌！其实，随声附和也是讲究技巧的。

什么样的技巧呢？

因人而异，因时而异，而不是照搬照抄或者简单附和。在根据实际情况肯定对方的同时，还要有所引申，表达自己的观点。

怎样才能在不做职场"应声虫"的同时，还能处理好人际关系呢？

◉ 让"不"听起来更好听一些

说"不"的时候，要把"不"说得像"是"一样悦耳，让对方因为被否定而产生的挫败感越少越好。尤其要避免用"虽然……但是……"这类不恰当的拒绝方式。因为，这种方式既容易伤害对方的自尊心，又容易让对方觉得你很虚伪，给自己增加社交压力。

◉ 寻找共同点

在与人沟通时，要尽量寻找彼此都感兴趣的话题，找到双方的共同点，然后让对方愉快地接受我们的观点。

做人大比拼
不做"应声虫"一样的职场人

○ 不做"应声虫"一样的同事

工作中，有的同事爱传小道消息，喜欢故弄玄虚。比如，他们经常会说："你知道吗？公司老总要换人了……""部门要来新人了，据说是某某的亲戚……""某人巴结了某某领导，要调走了……"对于这一类的话，我们千万不能像"应声虫"一样跟着附和，而要不信其有，也不信其无，听听就好。

此外，有些同事喜欢窥探和传播他人隐私，有些同事喜欢抱怨这个同事不好、那个领导不公，还有些同事喜欢搬弄是非。

面对这些同事，我们要始终保持理智，保持情绪稳定，做到听而不信，绝不接茬儿。千万不要随声附和，更别发表自己的看法。否则，你的话就会被别有用心的人添油加醋传到领导或其他同事耳中，就会给你带来无妄之灾。

○ 不做"应声虫"一样的员工

工作中，当领导给我们安排的工作太多时，我们并非只能随声附和，默默接受。我们也可以说："领导，我手中的两个方案要马上做出来，等我做完这两个再做那个，您看行吗？"这样的回复，既不是直接拒绝领导，而是给领导留足了面子，又让自己有了回旋余地，同时也让领导进一步了解了自己的工作量。

不做"应声虫"一样的同事

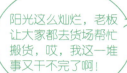阳光这么灿烂，老板让大家都去货场帮忙搬货，哎，我这一堆事又干不完了啊！

我这也一样！

天气是挺好的，不过气温还没有回升，小心着凉哦！

还真是，我刚脱了会儿外套，已经开始打喷嚏了。

 不做"应声虫"一样的员工

单位很多员工都在没有空调的屋子里办公，如果单给机房里装上了空调，别人心中肯定会不平衡的，而且现在资金又这么紧张。是，是，领导您说得对！

您还记得上周那个展览吗？因为没为展品提供恒温环境，导致展品损坏。领导，给机房装空调也是这个道理啊！你说得有点儿道理！那就装上吧！

中篇

会说话

第四章

把对方放在心上，
悄悄温暖

真诚地站在对方的角度去思考问
题，把对方放在心上，多一点儿体谅
和理解，就能温暖对方的心。

能说会道不如关心别人的感受

观察我们身边那些让人感受舒适的人，你会发现，他们总是会设身处地地关心别人的感受，让别人从内心深处感受到温暖。

真正优秀的人，都懂得真心实意地为他人着想。所以，别人也都愿意和这样的人交朋友。

有个人喜欢绘画，每次通宵画画都会耗费大量精力。一次画完画，他拿着画跟两个朋友分享。

第一个朋友看完后，拿着铅笔在画上画了好多圆圈，并告诉他："这些都是画得不太好的地方。"他看见画上的圆圈，一下就郁闷了起来。

第二个朋友看完后，也拿着铅笔在画上画了好多圆圈，但是却告诉他："这些都是画得比较好的地方，你真的很适合作画。"他听了后很是开心，于是信心大增，继续努力创作。不久后，这个人真的在绘画上取得了喜人的成绩。

同样一幅画，一个朋友泼了一盆冷水，而另一个朋友则给予鼓励和肯定，孰优孰劣，高下立判。

人都需要温暖，需要关怀。很多时候，一句真诚的关心和鼓励的话语，说的人只花了一分钟不到的时间，但对于听的人而言，可能会影响他一天的心情或者一年的心态，甚至一生的命运。

真正优秀的人，都懂得为他人着想，永远把别人的位置摆在自己前面。

和他们相处，你不需要费心费力，就能时刻感受到他们的体贴和包容，心生温暖，如沐春风。

故事
顾客担心主厨会伤心

指点迷津
换位思考，理解他人感受

滕总，干吗总要替别人着想？

学会替别人着想，你与身边人的关系就会发生神奇的变化。

能发生什么变化？

比如，你打电话，女友没有接，一般你会怎么说？是不是会说："你干吗不接我电话？"那么，女友的语气也不会好到哪里去，搞不好就得吵架。但如果考虑对方的感受，你可以说："亲爱的，你刚刚是不是在忙，所以没听到手机响？还是手机静音了？"女友听了，还会和你吵架吗？肯定不会。

　　我们在说话的时候，应该学会关心别人的感受，那么具体需要注意哪些细节呢？

♀ 设身处地地为他人着想

　　我们说话的时候，要充分考虑对方的心理需求，设身处地地为对方着想。当对方遇到困难或问题的时候，我们可以与其一起分析原因、商讨办法、释疑解难等，以善意的理解和适当的鼓励温暖人心。

♀ 把赞美当作礼物送给他人

　　赞美是对人的一种肯定，人人都爱听赞美的话，适当的赞美可以达到温暖人心的效果。赞美他人，就像用明灯照亮他人的生活，同时也可以照亮我们自己。赞美有助于增近人与人之间的感情，消除人与人之间的怨恨。

◉ 用委婉的方式表达

委婉是一种既温暖又能明确表达思想的谈话艺术。不论是用委婉含蓄的话提出自己的看法还是表达劝解，都能很好地适应对方心理上的自尊感，使对方更容易接受、认同你说的话。

做人大比拼
人在职场，要学会与同事共情

当我们工作之余说自己很困的时候，有共情力的同事往往会说："那你休息一会儿吧！"我们听了就会觉得很舒服、很暖心。同样的情况，没有共情力的人可能只会撇着嘴吐槽一句："你昨晚是去做什么坏事了吗？怎么困成这样？"结果就是我们报之以白眼。

大多数人都不能真正地做到感同身受，但我们可以尝试着去理解他人的感受。不知道别人经历了什么，就对别人指指点点，是一种典型的没有共情力的表现。而真正拥有高情商的人，都具有超强的共情力，能够时刻理解他人，懂得设身处地地为他人着想，这样的人在职场中才会如鱼得水、八面玲珑。

当我们因为工作压力大而忍不住跟同事抱怨的时候，如果对方是一副事不关己，高高挂起的模样，并不屑地说道："别整天喊累喊苦的，你跟我说也没用，我又帮不了你什么！"我们听了瞬间心凉了一半，再也没有与其对话的欲望。如果对方用安慰代替指责，然后推荐给你几种缓解压力的方法，那效果肯定好很多。

有共情力的人，会尝试着去理解别人的烦恼，然后安慰对方。而没有共情力的人，则不会考虑那么多。他们总觉得别人喊苦喊累都是矫情，只有自己的苦累才是真的；别人说忙说穷都是虚伪，只有自己的忙和穷才是真的。这样的人，又怎会被人喜欢呢？

与新来的同事共情

你怎么又欺负新来的同事？

我比他学历高、资历老，使唤使唤他怎么了？再说了，我不也是这么过来的吗？

这种跑腿的事你让新来的去干啊！

他们也有自己的工作要处理，新人也是人，谁都是从新人过来的。

 与度假回来的同事共情

你怎么晒得跟煤球儿一样。

有那么夸张吗？

你上海滩浪漫去了吗？你的小麦肤色好迷人啊！

哈哈哈，快来尝尝我带回来的土特产。

当人生气、难过时，需要的是安慰，而非讲道理

作为朋友，当对方生气或难过的时候，我们需要抱抱对方，安慰对方的情绪，而不是夸夸其谈，讲一些大道理。安慰别人的时候，与其把道理讲得头头是道，不如试着感同身受，用真心慢慢融化对方，让对方感受到温暖。

生活中，很多人都喜欢评判他人的对错，或者带着自己的情绪和对方交流，其实这只会让事情变得更糟。你要明白，别人向你吐露心声，不是为了让你评判对错，他想吐露的也不是事情本身，而是表达自己的情绪和感受。

我们想要很好地安慰对方，首先要做的就是放下自己的评判和情绪，设身处地地站在对方的角度，进入对方的世界，去觉察对方的一切。

我们需要去觉察对方的情绪反应，除了觉察他们表达的内容外，也要注意非语言传递的信息。比如，对方的表情动作、语气声调、呼吸频率等。认真倾听的时候，还要注意对方的潜台词，以及隐藏在深处的需求和愿望，明白对方真正想要的是什么。

当我们觉察了对方的情绪、感受等信息后，接下来需要做的就是把自己变成一个稳定的容器，去倾听和接纳对方的一切。我们需要多一点儿耐心，少一点儿不耐烦，在适当的时候给予回应，哪怕是我们觉得鸡毛蒜皮的小事，也不要在对方没说完的时候打断，更不要表现出自己的不耐烦。

安慰别人最好的方法，就是让对方尽情地宣泄自己心中的感受和负面情

绪，而不是讲一堆空洞的大道理。

故事
如何安慰跟男朋友吵架的朋友

指点迷津

需要的是安慰，而非讲道理

灵姐，朋友不开心，我帮她分析问题，她为啥还不高兴?

她情绪不好的时候，哪听得进去什么道理啊!

为啥你每次一说话，她马上就好了?

因为我只说安慰的话啊!

简单而言，有效安慰人可以分三步：

第一步，展示你的同理心。

我们可以用"评价"和"发问"的形式进行表达。比如："这件事发生得太突然了，你一定累坏了吧?""这件事确实挺糟糕的，你心里一定特别难受吧?"让对方感受到你的理解。

第二步，给对方提供倾诉的机会。

倾诉是一种很好的发泄情绪的方式。通过倾诉，对方把积蓄的负面情绪宣泄出来，心理上也会轻松很多。我们可以用疑问的句式打开话题。比如："你还好吗?""你想聊聊吗?"如果对方不愿意说也不用逼问，表达情感上的支持即可。比如："没关系，你想说的时候随时跟我说，我都在……"

第三步，提供行动上的支持。

向对方表达行动上的支持，必须是具体的，你主动参与的。比如，你可以问："我之前试过，购物会让我感觉好点儿，要不要我陪你去逛逛街？""喝点儿水吧，我给你倒一杯去。"。

做人大比拼
安慰朋友

◉ 安慰遇到情感问题的朋友

当闺蜜向你吐槽她的男朋友的时候，你只需要好好听就行了，尽量不要发表个人意见，尤其注意，不要劝对方分手。因为大部分情况下，对方只是想宣泄一下情绪，表达一下对男友的不满，并不是想听你劝他们分手。

除非你能做到让他们彻底断绝来往，形同陌路，否则只要他们和好，你就会很尴尬，还会落得埋怨，甚至还会被认为是破坏他们感情的人。这个时候，你只需要让对方知道，不管她做什么决定，你都支持，并且会一如既往地陪伴在她身边，她就会大为感动，并且觉得你十分可靠。

◉ 安慰烦躁的朋友

当你的朋友跟你吐槽他的奇葩同事工作不好配合，还老是出错的时候，他只是想让你和他一起吐槽这个同事，而不是听你一本正经地告诉他，该如何与同事好好相处。

你要做的是从对方的角度看问题，而不是以一个旁观者的角度讲道理，你需要让对方感觉到，你们是站在同一战线的，这样的安慰才会有效果。

其实，朋友向你倾诉烦恼的原因无非两个：要么希望你能给予他建议或者帮助，陪伴他一起摆脱眼前的困境；要么单纯地想向你寻求关注和关心。事实上，除非对方明确地让你提出建议，或是寻求你的帮助，否则，绝大多数情况下，都是第二个原因，就是需要你的安慰。

💡 安慰遇到情感问题的朋友

我失恋了。

天涯何处无芳草，何必单恋一枝花？

我失恋了。

看到你这么伤心，我也很难过，如果你有需要，我随时都在。来，抱一抱。

💡 安慰烦躁的朋友

今天坐公交车的时候，旁边有个人好吵，让我烦躁。

坐车难免会遇到一些素质差的人，理他干啥？

今天坐公交车的时候，旁边有个人好吵，让我烦躁。

确实，有些人就是挺烦人的。有一次，我在餐厅吃饭，也遇上一个很吵的人，给我气坏了。委屈你啦！

体谅，有效沟通的正确"姿势"

　　每当我们遇到不合心意的事，总会忍不住生闷气、发脾气。其实这些事情本身并没有什么大不了的，只要我们能试着站在对方立场想一想，学会体谅别人，和对方进行有效沟通，就很容易化解。当你试着体谅对方时，反过来对方也会体谅你；当你把对方放在心上时，对方也会来悄悄温暖你。

　　在一段婚姻关系中，夫妻之间相处久了，难免会发生矛盾和争吵，有时候就连一点儿鸡毛蒜皮的小事，也会激化两人的矛盾。此时，双方甚至会怀疑，爱是不是真的会消失。

　　其实不然，夫妻之间的矛盾，大都源自双方的不体谅。妻子不知道丈夫每天辛苦工作，面对客户的指责、领导的苛责，身心俱疲。同样，丈夫也不知道妻子每天处理三餐琐事、带孩子的辛苦。相互的不体谅，很容易一步步激化矛盾。

　　在夫妻关系中，相互体谅是最重要的。相互体谅不仅可以增加彼此的感情，还可以化解矛盾和冲突。

　　生活中很多矛盾都是因为小事引起的，夫妻间要学会关注对方的情感和需要，懂得关心和理解对方，不要过度批评和指责，更不要轻易质疑对方的动机和行为，而是要尝试站在对方的角度思考问题，并保持足够的耐心，相互体谅。

　　相互体谅还包括包容彼此的家庭和背景。我们的成长经历和家庭背景都会影响我们的行为和思维方式。比如，有些人从小接受的是更加开放和自由的教育，对某些问题的看法会和另一半不一样，但这并不意味着谁对谁错。夫妻双方应该尊重并理解这一点，才能一起解决问题。

故事
巧妙化解生活中的小矛盾

指点迷津
体谅对方的辛苦

如何化解家庭生活中的小矛盾？

○ 换位思考，体谅对方的不容易

在家庭矛盾中，要尝试换位思考，体谅对方的不容易，理解对方的立场和想法。只有真正站在对方的角度考虑问题，才能更好地缓和矛盾，解决问题。

○ 有效沟通，体谅对方的心情

在家庭生活中，有效沟通是关键。当发生矛盾的时候，要主动与对方沟通，倾听对方的意见。在沟通的过程中，注意保持冷静，体谅对方的心情，不要过于情绪化。

○ 寻求妥协，相互体谅

家庭生活需要相互妥协，发生矛盾时，要尝试寻找解决问题的平衡点。如果双方都能做出一定的让步，往往就会达成更好的解决方案。

做人大比拼
夫妻相互体谅彼此为家庭的付出

大部分家庭的经济压力都是由丈夫来承担的，所以大部分男人每天都需要认真工作，努力让自己的家庭过上更好的生活，让妻儿没有生活压力。但这个过程并不是一帆风顺的，尤其是在工作中出现各种各样问题的时候。

比如，因为能力或者其他原因而无法晋升，或者因为同事排挤而错失订单，又或者因为客户的刁难而无法完成任务，这些都是无法预知的困难和挑战。

在丈夫结束了一整天繁忙的工作，回到家中后，妻子应该体谅丈夫一整天的辛劳。哪怕丈夫暂时没法给妻子足够好的经济条件，妻子也不该唠叨、嫌弃丈夫。

一桌美味的晚餐，一个温暖的拥抱，哪怕一句简单的"老公你辛苦了"，都会让丈夫觉得自己的辛苦是值得的。

丈夫要体谅妻子为家庭做出的牺牲。

很多家庭，妻子为了照顾好家里的每个成员，让丈夫在工作的时候没有后顾之忧，做出了很大牺牲。

她们不仅要做家务及照顾孩子，还要兼顾自己的本职工作，付出的时间和精力可想而知。甚至还有很多女性，为了能够更好地照顾家庭的每个成员，辅助丈夫，放弃了自己的社交，放弃了在职场上发光发热实现自我价值的机会，成为一个尽职尽责的全职妈妈。

所以，在回到家后，丈夫也要体谅妻子为家庭所做出的牺牲。一个让人惊喜的小礼物，一个热情的拥抱，一句简单的"老婆辛苦了"，就可以化解妻子一整天的疲惫。

体谅丈夫晚归

我怎么不务正业了？我一天天累死累活的还不是为了这个家！

这都几点了，又出去喝茶打牌，一天到晚不务正业。

谢谢亲爱的！做生意应酬多，不过，以后能推的我就推了，尽量早点儿回家陪你。

亲爱的，辛苦了！我知道做生意有一些推不掉的应酬，如果不是万不得已你也不会这么晚才回来……

 体谅妻子带娃辛苦

你以为我整天带孩子很闲吗？我现在不也饿着肚子吗？！

我工作一天累得要死，回来连口热饭都吃不上。

好的，下次我提前告诉你。饭一会儿就好了，你先去洗澡休息一下吧！

是不是今天小宝又淘气了？下次来不及做饭，你提前告诉我一声，我下班路上顺便买点儿现成的带回来。

看破不说破，面子上好过

人生已经如此艰难就不要轻易拆穿他人了。谁都难免有点儿自己的小心思，人与人之间的关系也没有那么牢不可破。看穿别人的小心思，不急于说穿点破，既是给别人留面子，也是给自己留体面。

生活中，每个人都会犯错。有些人一发现别人的错误，便会大声指出来，就算是件不值一提的小事，也会当成大事去说，这样的人往往惹人讨厌。俗话说"人要脸，树要皮"，直接点破别人的错误，一点儿脸面都不给别人留，既让对方很难堪，也断了自己的后路。

当我们指责别人错误的时候，我们的出发点或许是善意的，但是如果不注意方式方法，很可能会伤害对方的自尊心，进而伤害彼此的感情。即使对方当下不说什么，也坦诚地接受了，但是在其内心深处，难免会留下阴影。在以后的交往中，彼此的关系或多或少都会受到这些"小过节"的影响。

当我们发现别人的错误时，要学会看破不说破。为人处世固然要"得理"，但绝对不要"不让人"，这是处理好人际关系的重要原则。哪怕是面对得罪过你的人，也要给对方留一点儿余地。事后我们会发现，我们不但不会吃亏，反而还会有意想不到的惊喜和感动。

故事

你可能该换朋友了

如何才能做到看破不说破呢？

在社交中，我们应该尽量避免当众指责别人，使别人下不来台。即使必须要指出来的话，也一定要温和、委婉、点到为止，让双方心知肚明即可。

首先，我们需要把话说"好"。批评别人的语言要在深思熟虑后再表达出来，避免直言不讳，要保证话说出口后，别人不至于下不来台，而且对话还能继续下去。"好"的话语一定是让人受益的，否则再怎么"直言"也是一句废话。

其次，我们还需要言简意赅。批评别人错误的时候，言语越少越好，最好能一两句话就使对方明白。即使必须要点破别人的错误，也要在巧妙表达完后，尽快转移话题，不要让众人过多地关注这个过错，最终使得事件圆满解决。

做人大比拼
适当"捧场"，并满足别人的虚荣心

♀ 适当"捧场"

当别人和你闲聊时，突然问你知不知道你们行业最近出了一件大事，即便你知道对方要说什么，或者明显感觉到对方要开始吹牛了，也要适当"捧场"，以满足对方的表现欲。对方原本是兴致勃勃地想给你透露一个大消息，或者是有意拉近跟你的距离，你却说"我早知道了"或者"就知道吹牛皮"，无疑会很扫兴，也会给人留下不通人情的坏印象。

这个时候，你不妨佯装不知，好奇地问对方："出啥大事了？你赶紧给我说说。"当对方说的时候，你还可以给一些积极的回应，比如："是吗？真有这样的事情？那后来怎样了？"你越是积极回应，对方表达得就越舒服，对你的认同感和好感就会越强烈。

♀ 适当满足别人的虚荣心

当你发现朋友买东西买贵了的时候，如果你惊讶地说："你这也太贵了，我看你肯定是被忽悠了。"而对方哪怕明知你说的是实话，也会觉得颜面无存，然后不高兴地反驳道："贵肯定有贵的道理，便宜没好货。"你俩还可能就此吵一架。

正确的做法是，你可以先了解一下具体价格，然后真诚地赞美奢侈之物，适当满足一下对方的虚荣心，最后再委婉地表达"希望自己也能有能力负担起这么昂贵精美的东西"。这样一番话下来，对方可能反而会老实承认自己买贵了。

人人都有虚荣心，不同的说法有不同的效果，当你适当满足了对方的虚荣心，给足了对方面子时，自然也能换得对方的真心相待。

💡 适当"捧场"

💡 适当满足别人的虚荣心

第五章

说话有分寸，
相处才舒服

　　有一些人，常常说话不过脑，想说什么就说什么，结果无意中得罪了人，自己还没察觉到。凡事要有度，过犹不及。说话也一样，要因人、因时、因地，拿捏好分寸，掌握好尺度，该说的说，不该说的不说。

别轻易答应，答应的一定要做到

俗话说得好，"没有金刚钻，别揽瓷器活儿"。别人找你帮忙，你要考虑清楚自身的能力及所要花费的时间和精力，能办到再答应。否则，你答应了却办不到，不仅得不到对方的感激，还会落下埋怨，变成一个言而无信的人。

生活中，我们经常会说这个人靠谱儿，或者那个人不靠谱儿。对于靠谱儿的人，我们交代或者请对方帮忙做事情会完全放心；而对于不靠谱儿的人，可能我们宁愿自己做也不愿意交给他。

不靠谱儿的人，一开始的时候往往答应得很痛快，但是之后就会找各种理由来推脱责任，或者根本没有下文。这样的人往往习惯夸夸其谈，没什么本事，却总喜欢在别人面前拍胸脯，对自己办不到的事情大包大揽，用吹牛的方式显示自己的能力。这样的人凡事都停留在口头上，没有把承诺当成一种责任，结果总是搞砸或者办得磕磕绊绊，一次又一次被打脸。

而靠谱儿的人，往往会对自己的承诺有足够的担当，不轻易答应，但是一旦答应就一定会做到。靠谱儿的人往往会在事前和事后都会有很好的交代，事前会确认清楚，事后也会及时反馈。

很多时候，当别人需要帮助，不靠谱儿的人会直接答应，等做起来才发现事情并没有那么简单。而靠谱儿的人则是先对事情的难易程度进行判断，能做到的，他才会答应，做不到的，他也会说出具体的原因。

故事

答应孩子的事就要做到

指点迷津

别轻易答应，答应就要做到

如何才能培养诚信的品质，做一个靠谱儿的人？

首先，不轻易许诺。承诺时要慎重，对于自己做不到的事情，要诚实回答，礼貌拒绝。

其次，要说到做到。答应别人的事，无论对谁，即使是再小的事，都要尽最大的努力做到。

再次，虚假的口号，不要成天挂在嘴边。假话说多了，可能连自己都信了，直到做起来才发现是在自欺欺人。

最后，坦然面对能力有限的事实。少说多做，诚实做人，踏实做事。

此外，我们需要注意的是，切忌在头脑发热、情况不明时，仅凭主观臆想就盲目做决策，结果只能是事与愿违。

做人大比拼
从生活中的小事做起，答应别人的事情就要做到

上学的时候，答应帮室友取快递或者带饭，哪怕上完课、兼完职再累，也要绕路去帮忙取一下快递或者去食堂打饭，仅仅是因为你答应了别人。

工作的时候，答应帮同事完成一个表格，哪怕已经加班到深夜，困倦不堪，也要坚持坐在电脑前，把表格完成，发给同事后再去睡觉，因为你答应了对方。

谈恋爱的时候，答应陪女朋友逛街，就不要因为游戏没结束而失信女朋友，或者撒谎找别的借口。因为谎言一旦被揭穿，伤害的是对方对你的信任，有损的是你们之间的感情。

结婚以后，答应爱人的事情就要做到。答应戒烟就不要再偷摸去抽。老婆从你换洗衣裤的兜里，掏出烟盒的瞬间，你靠谱儿的形象将大为受损。答应戒酒就主动推脱掉一切喝酒的应酬，否则，当你满身酒气回到家中时，就别怪老婆把你赶出房门，三五天都不搭理你。

答应别人的事，哪怕再艰难，都要竭尽全力办到。哪怕事出有因，超出了自己的能力范围而无法做到，也要提前跟对方打好招呼，说明原因，以期获得对方的谅解。

💡 答应爱人的事就要做到

老婆，那个相声票没有了，黄牛票又太贵了，咱们下次再去听相声吧？

你可是答应过我的，哼，说话不算数！

老公，票你买到没有？据说这周的票很难买，你不会食言吧？

哪能呢，前几天我就去看票了。本来已经没票了，我等了半天刚好抢到有人退回的票。放心，我答应你的事肯定做到。

💡 做不到的事别轻易答应

没有，那个太麻烦了，我弄不好。

你昨天说帮我处理的表格，还没弄好？

你能不能帮我处理一下这个表格？

您这个表格做起来比较麻烦，涉及的数据比较多，我可能做不好。要不您问问别的同事？

话不宜多，必要时保持沉默

　　话不宜多，一味地高谈阔论容易被人从言谈中抓住把柄；而必要时保持沉默，可以有效避免"言多必失"的麻烦。而且，适当的沉默，往往比声嘶力竭的争辩，更容易产生震慑效果，令对方信服。

　　俗话说："害人之心不可有，防人之心不可无。"生活中，谁也不能保证身边的每一个人都是善良友好的。有时候，你无意中多说的一句话可能就会成为居心叵测之人对付你的把柄。所以，不要什么话都跟别人说。

　　工作中话太多，往往会产生不好的影响。尤其当你的能力尚且不够时，话太多往往给人一种浮躁不踏实的印象，最终很难得到领导的器重。

　　话太多的人，容易出现失误而得罪人。如果一个人在说话前不考虑别人的想法，只管自己随心所欲地说出来，很容易在无意间伤及他人，破坏自己的人际关系。

　　话太多的人，容易张狂。一个人话太多，急于表达自己，往往很容易夸夸其谈，内心张狂，甚至会按捺不住冲动，对别人吹毛求疵。

　　在与他人的交流中，我们必须要懂得控制自己的言辞，避免因口无遮拦而引发麻烦。我们应该明白，很多事情只需要心里明白就好，不必说出来。当我们面对自己不了解的领域、不擅长的技能，遇到自己不明白的道理、不清楚的事情时，我们千万不要轻易发表言论，更不要妄加批评，宁可少言，甚至沉默，也不要多话。

有时说话可以迟疑一下

指点迷津
适当沉默，尽量让对方多说

我不太适合去和客户谈判吧？我平常就是个不太爱说话的人。

未必，谈判不适合话太多的人，因为言多必失。

那您不说话，好像也不合适吧？

适当沉默，尽量让对方多说。对方越是琢磨不透你的想法，对谈判越有利。

怎样才能做到不多话？

♀ 学会倾听

当你注意到自己开始话多时，不妨先刻意停下来，让对方把想说的话说完，认真倾听。这样不仅可以帮助你更好地理解对方的观点，也会让对方感到被尊重和理解。

♀ 练习沉默

有些时候，沉默是最好的回答。当你意识到自己说话太多时，不妨尝试保持沉默一段时间。这样不仅可以让你更好地思考和组织自己的话语，还可以让对方有足够的机会发表自己的看法。

♀ 训练讲话

要控制自己少说话还需要一定的练习。你可以与朋友或家人进行相应的训练。比如，定时讲话，让别人评估你的讲话，尝试更换语速等。这些练习可以有效地帮助你提高自己的沟通技能并控制自己说话的多少。

做人大比拼
与人交往时，面对以下情况，最好保持沉默，以免招灾惹祸

♀ 面对别人的感情隐私

在职场环境中，总有些人喜欢打听各种小道消息，尤其喜欢窥探别人的感情隐私，然后搬弄是非。这些爱传闲话的人，往往能把假的说成真的，把真的说成假的。很多人都不待见他们，甚至见到他们就躲得远远的。

真正有思想、有头脑的人，是不会让自己陷入一些没有意义的是是非非中的，更不会议论别人的隐私。因为这样做，不仅丧失了自己做人做事的原则和底线，还会让别人觉得自己是个不靠谱儿的人。

♀ 面对自己生活的困境

每个人都有一些鲜为人知的艰难经历，不管遇到多大的困境和痛苦，最好自己努力想办法解决，而不要轻易向外人诉说。因为话说多了难免会变成像"祥林嫂"那样让人厌烦的人，时间长了，不仅得不到帮助和同情，还会让别人觉得你只会抱怨，从而更加看不起你。

♀ 面对别人的不理解

日常生活中，我们难免会遇到被人误解的情况，或许还会遭到他人不公正的批评和辱骂。此时，我们完全没有必要与他人发生正面冲突。多说多错，不如保持沉默。别人愤怒的时候，是无法冷静下来听你解释的，此时你不如忍一时风平浪静，退一步海阔天空。

面对别人的感情隐私

哇，刚离职的小刘，居然在电脑里写了日记，说偷偷喜欢我们经理呢！

什么？经理可是有老婆的……

听说刚离职的小刘，喜欢咱们经理。

这是别人的私事，我们还是不要说了。

 面对叛逆的青春期少年

你干什么去了？这都几点了还在外面鬼混！

我都多大了，我有我的自由！

爸，您怎么还不睡……我跟几个朋友吃串去了……我下次不会这么晚了……

再好的朋友，也不愿意当你的"情绪垃圾桶"

朋友之间相互倒苦水也是常事，但凡事过犹不及。与再好的朋友交往，也不要将朋友当成你的"情绪垃圾桶"。无节制地向对方倾吐负面情绪，只会消耗彼此的情谊。

人称"emo姐"的王雯就是一个喜欢沉浸在自己悲观情绪里的人，而且还喜欢将自己的坏情绪传播给同宿舍的所有人。王雯经常在整个宿舍一片欢声笑语的时候，开始讲她的"悲惨遭遇"。比如，今天谁谁谁又欺负她了，谁谁谁做了什么事是看不起她，讲到动情处甚至还会潸然泪下。

刚开始的时候，大家还会关心她，问她到底怎么了，然后安慰她。久而久之，大家便觉得很反感。没有人愿意做别人的"情绪垃圾桶"，更何况她似乎永远都在生气、难过、烦躁，充满了负能量。

如果你总是一味地把自己的坏情绪传递给别人，不仅会影响别人的心情，还会让人产生一种"这人怎么这样啊！"的厌烦感觉。慢慢地，别人就会远离你，原本可能很亲近的朋友，也会渐行渐远。

向周围人传递你的坏情绪，不仅对你毫无帮助，反而有可能使你面对更加糟糕的局面，同时还会对你的学习、工作、生活中的人际关系产生非常恶劣的影响。

故事
失恋后向朋友大倒苦水

指点迷津
不要把朋友当成你的"情绪垃圾桶"

灵姐，我不开心就想找个人倾诉一下。她们怎么都不想理我了？

朋友不是你的"情绪垃圾桶"啊！

可我们是最好的朋友啊！

不要把朋友的善意当作理所当然。如果你把对方当或"情绪垃圾桶"，时间长了，谁也受不了啊！

如何才能控制好自己的情绪，不把朋友当成自己的"情绪垃圾桶"呢？

◇ 直面问题本身

想要控制好自己的情绪，首先需要弄清楚情绪不佳的具体原因，然后勇敢去面对。比如，与相关的人进行直接而坦率的沟通，告诉对方自己的真实感受，与对方坦言自己的疑惑和需求，最终达成某种共识，或得到一个结果，使自身的负面情绪得到释放。

◇ 转移注意力

想要控制好自己的情绪，可以给自己一些脱离坏情绪的时间。比如，通过间歇性喝水，或者利用别的事物来转移自己的注意力。通过这样的方法将自己从情绪崩溃的边缘拉回，在缓冲一段时间，等自己的理智回归之后，再重新看待这些负面的事情。

做人大比拼
不要随意倾倒你的"情绪垃圾"

当我们在工作上遇到困难、与同事不和、被上司针对，又或者是创业失败等问题时，我们便会找最亲近的朋友大倒苦水，以此来排遣内心的苦闷。然而朋友并非你的"情绪垃圾桶"，一次两次还好，如果三天两头对朋友进行负能量轰炸，相信没有人会承受得了。

当我们在感情上遇到情侣间闹别扭、夫妻间冷战，甚至失恋、分手、离婚等问题时，我们往往会情绪崩溃，失去理智，找来好友大肆倾诉。等我们发泄一通，舒服了，却忘了情绪是会传染的，朋友可能会因为你的负面情绪而痛苦不堪，甚至再也不想搭理你。

当我们在生活中遇到减肥失败、家人挑刺、孩子不省心等问题时，我们经常不管人家愿不愿意听，只顾着自己大讲一通，就把"情绪垃圾"统统倒给对方，殊不知，这其实是对人际关系的一种极大耗损。

没有人有义务必须成为你的"情绪垃圾桶"，当你在宣泄自己负面情绪的时候，不要忘了"垃圾桶"终有一天会被倒满，而到那时你很可能已经失去了一个好朋友。其实，这个世界上并没有真正的"感同身受"，与其把"情绪垃圾"倒给朋友，不如找个心理咨询师聊聊。

创业失败也不要大倒苦水

已经很晚了，咱们该回去了。

你再陪我待会儿嘛，我这次创业失败了，心里太苦了。

勃哥，心情好点儿了没有？

兄弟有心了，改天咱们再好好聚聚。

就算失恋也不要大倒苦水

我失恋了……

听说你失恋了，还好吧？

难过是肯定的，不过今天咱们姐妹好不容易聚在一起，先开心起来！

第六章

说话有新意，
让人耳目一新

　　诗云："绿阴不减来时路，添得黄鹂四五声。"来时苍翠如织的绿阴中，又传来黄鹂鸟的欢快叫声，更添一番情趣。同理，如果我们能在平实的言语中，巧妙地掺入一些别出心裁的创意，就像出其不意送给对方一件礼物一样，势必会带来意想不到的惊喜。

卖个关子，引起对方的兴趣

卖关子是一种幽默的艺术，它能在千篇一律的谈话中，有效地调动起对方的好奇心和积极性，让谈话有趣地进行下去。

卖关子原是指，说书人说长篇故事时，在说到重要情节处突然停止，然后说上一句："欲知后事如何，且听下回分解！"借此吸引听众下次再来听。

如今在影视作品中也有很多用到它的地方。比如，每集电视剧结尾，播放一些精彩的、引起悬念的镜头，却又戛然而止，不断勾起观众的好奇心，吸引他们继续追下一集。

心理学家将这一现象叫作"空白效应"，指的是故意设置悬念，吊一吊别人的胃口，给他人留下想象的空间，更能激发人的好奇心和求知欲，让大脑变得活跃起来。如果全盘告知，反而容易让人产生心理疲劳，创造性思维还可能受到压制。

生活中，我们不妨学一学留白的艺术，正所谓"无声胜有声"，卖个关子再说，也许就能达到事半功倍的效果。比如，在演讲时设置"包袱"，让别人不得不跟着你的思路走；给他人提意见时，说个引子就打住，让对方自己反省，可能印象更加深刻，效果也会更好。

故事
重在参与

指点迷津
卖个关子，引起兴趣

怎样说话才能让对方感兴趣呢？

你可以卖个关子。

啥是卖关子啊？要怎么做啊？

就是在开头不直接告诉对方结果，留个悬念，引起对方兴趣，最后再揭晓答案。

卖关子是种吊人胃口的说话方式，从理论上来说确实能够让我们在他人心中留下深刻印象。但如果你运用的方法不当或者过分吊胃口，那么你在别人心中留下的印象就是负面印象，深刻是深刻了，但却不利于人际交往。所以，我们需要注意些什么呢？

♀ 注意时间

如果只是普通拜访，我们跟对方交流的时间最好不要超过半小时，除非提前约定好时间。而为了能在半小时内把事情说清楚，就特别需要注意一下，卖关子的时候需要适度，不可过分。

♀ 注意铺垫

卖关子需要铺垫，在铺垫的时候需要讲清楚你的目的，以及给对方的好处和事情的重要程度，再来讲结论。对方对你的铺垫有兴趣，才会期待你后面的结论，包袱才能"抖响"。

注意欲速则不达

人在接受一个新事物或者一种新观点时，都需要一段时间来自我消化，才能从心理和行为上逐渐接受。欲速则不达，卖关子的时候尤其要注意这一点。

做人大比拼
卖关子的技巧

工作中，经常需要用到卖关子的说话艺术。它在职场交往中发挥着传达信号或者说服对方的作用。

比如，新同事聚会时大家都不太熟悉，那么这个时候，如果你能站出来用卖关子的幽默方法，说几句话逗笑大家，必然会受到大家的欢迎。而一个能调节气氛，带动情绪的人，往往也有潜力成为一个团队的主心骨。

又如，与客户对接也是一项比较常见的工作任务。面对陌生的客户，你可以通过卖个关子、抖个包袱、讲个小笑话的幽默方式，与对方快速熟络起来，然后便能更快、更好地开展工作。

生活中，也经常会用到卖关子的说话艺术。它在人际交往中也发挥着巨大作用。

比如，你直接跟对方说："有件事，想跟你说下。"对方可能就会漫不经心地回应道："你说吧。"但如果你稍微换个方式，设置悬念，对他说："有件事，不知当讲不当讲？"对方可能就会马上催促道："快讲吧，到底什么事啊？"

又如，你说"告诉你一件事"，往往不足以引起对方的兴趣；但如果你说"这件事，我想了一下，还是不告诉你为好"，那么对方可能马上就来了兴致，急切地想知道到底是什么事。这样一来，你想吸引对方注意力的目的也就达到了。

💡 三分钟前见过你

您好！初次见面，能认识一下吗？

没兴趣。

你说你见过我？

对，就在三分钟前，你向我走过来的时候。

💡 面对叛逆的青春期少年

美人鱼后来怎么样了？

后来啊，王子跟公主开心地在一起了，美人鱼变成泡沫死掉了……

美人鱼后来怎么样了？

欲知后事如何，请听下回分解！明天同一时间，我还在这里等你！

言之有物，避免语言空洞乏味

　　与人交谈时，如果言之无物，就会让人觉得空洞乏味，昏昏欲睡。只有言之有物，才能让对方清楚地知道我们想要表达的是什么，才不会让对方感到厌烦。

　　生活中，人们最讨厌的一种人，就是废话连篇，半天说不到点儿上的人。

　　我们经常在一些会议或讲座上看到这样的情况，台上讲得眉飞色舞，台下听得昏昏欲睡。其主要原因就是台上的人没有很好地理解自己的演讲内容，使得演讲过于空洞乏味，缺乏吸引力。

　　老舍先生曾说："喜剧语言必须馅儿多面皮薄，一咬即破，而味道无穷。""皮薄"就是要说明白话，说通俗易懂的话；"馅儿多"就是说有内容、有质量、有信息量的话。

　　故作高深的长篇大论，别人听不明白，即使自己费了九牛二虎之力，也无法达到沟通的效果。只有把抽象的问题具体化，复杂的问题简单化，高深的问题浅显化，做到言之有物，才能达到有效沟通的目的。

　　在与人交谈的过程中，一定要言之有物，要有高质量的输出，别人才愿意继续听下去。这样的交谈才能够赢得别人的认同，别人也才愿意继续交谈下去。否则，夸夸其谈，却内容空洞，对方只会感到厌烦，避而远之。

故事
推销要言之有物

女士，您好！我们这里的平板电视正在打折促销，要不要看一下？

多少钱？

原价8888元，现在只要5800元。

太贵了……

我们这款电视，看起来好像是贵了点儿，但是它是智慧屏，不仅护眼、超清、超薄，还有人工智能私教模式，可以健身。

当然了。不仅如此，它还能同时识别保存你的运动偏好。

私教？我经常会用电视看跳操课，你说的是真的？

听着不错，在哪里？我去看看。

指点迷津
多说细节，言之有物

我也说了质量很好啊，顾客怎么都不感兴趣呢？

光说质量好有点儿太抽象了，吸引不了别人的注意力！

那怎么说才能不抽象呢？

说具体一点儿，可以讲讲具体的功能、优势等，尤其是细节可以多说点儿。

要让我们的讲话言之有物不空洞，需要注意些什么？

◦ 避免缺乏事实

我们在说话的时候，一定要针对实际问题，说客观真实的情况，谈切实可行的方法，讲发自真心的感悟，将有价值的信息提供给听者，让听者能够"听有所获"；切忌将谈话内容与客观事实割裂开来，让听者觉得"白听了"。

◦ 避免过于抽象

很多人说话只停留在一个抽象的概念上，蜻蜓点水一般浅尝辄止，没有顺着话题进一步展开或者深入讲话的内容，不具体、不形象，让人听得云里雾里，因而空洞乏味。我们在讲话的时候应该避免过于抽象，要让听者能够"听懂"，这样对话才有效果。

◦ 避免人云亦云

别人说什么，我们也跟着说什么。对于那些重复了若干遍，大家早就耳熟能详的道理、见解，听众自然没兴趣听下去。所以，我们需要在说话的时候有自己的见解，避免人云亦云，缺乏新意。

做人大比拼
言之有物才有说服力

相亲现场，女方问男方："现在我们分隔两地，如果我和你走到了一起，你要如何解决这个实际的问题呢？"

男方笑着回答："这个好说，如果你不方便来我工作的城市，那么我可以去你工作的城市。正好我们公司在你所在的城市有分公司，而且我和领导关系也不错。我相信我有能力协调好，让领导帮我在一两年内调到你所在的城市。"

女方听了男方的回答很满意，开心道："你想得很周到。"就这样，两人慢慢对彼此产生了好感，聊得很愉快。

男方的回答言之有物，充满说服力，正是充分运用了"5W"的说话技巧。When（具体时间）：两年内；Where（具体地点）：我去你那里；Who（谁）：我，不是你；What（干什么）：调动工作；Why（为什么）：为了解决现实距离的问题从而和你在一起。这样的回答，具体详细，言之有物，充满说服力，给人靠谱儿、可信赖的感觉。

相反，如果欠缺"5W"中任何一个要素，相信都不会有这么好的说服效果。比如，"对于公司的业务拓展需要从根本上进行改革"，如果没有确定好具体"做什么""在哪儿做""由谁做""什么时候开始做""为什么这么做"，那么很容易就变成了一纸空谈。

言之有物更有说服力

现在我们分隔两地，如果未来在一起，如何克服这个问题呢？

我觉得，两个人如果真心相爱的话，距离就不是问题。

现在我们分隔两地，如果未来在一起，如何克服这个问题呢？

这个好说，如果你不方便来我工作的城市，那么我可以去你那里。我们公司刚好在那边有分公司，我可以跟领导申请调到你的城市。

 方案具体更有说服力

这件衣服款式我倒挺喜欢的，我就是有点儿担心它会掉色。

放心吧，不会掉色的，这件衣服质量可好了！

这件衣服是聚酯纤维材料的，基本不会掉色的。第一次清洗会有轻微浮色，用淡盐水泡一下就可以了。

这件衣服款式我倒挺喜欢的，我就是有点儿担心它会掉色。

学会声东击西的幽默方法

> 有一种"冷"幽默的方式叫"声东击西",它并不直截了当地逗你发笑,而是在你需要表达观点或者态度的时候,既不伤情面,又能阐明己意。

所谓"声东击西",是一种含蓄迂回的幽默技巧。目标向东而先西,欲要进而先退。这种方法就是不把想要说的话挑明,而是通过幽默的语言,来回击或反驳对方错误的观点或做法,然后隐晦表达自己想说的话。

声东击西幽默法,要想取得好的效果,取决于听众的反复品味。

比如,一个人去参加朋友的宴会,发现朋友很吝啬,只招待了客人一点点红酒。于是他便在临走前对朋友说:"麻烦你打我一个耳光吧!"朋友不解道:"我打你干吗?"他继续道:"你只有把我脸打红了,我老婆才会相信我在你的宴会上喝酒了,不然还以为我骗她,不好交代啊……"

很多场合,运用声东击西的技巧,把相同意思的话用不同的语言艺术表达出来,言在此而意在彼,往往能达到回味无穷的效果。这样的方法,不仅能够给人足够的面子,避免难堪的场面,也更容易让人接受一些。

故事

多卖出一倍咖啡的方法

我们这是花了一杯的钱，买了半杯咖啡。

滕总，您是大名人，麻烦您帮忙给小店宣传宣传。

那我还真有个办法，可以让你多卖出一倍的咖啡。

什么办法？

麻烦你先把杯子倒满。

请问您的方法是？

你在门口写个牌子：即日起，本店咖啡价不变，量翻倍！

指点迷津
含蓄迂回地表达自己的观点

我上次跟老板说了他们家咖啡太贵，他怎么不听啊？

有时候明说反而伤面子，即使你说的正确，他也不想更正。

那怎么做既不伤情面，又表达立场呢？

用声东击西的幽默技巧，含蓄迂回地表达自己的观点，既不伤情面，又能让对方在轻松愉快的氛围中进行反思。

如何才能含蓄迂回地表达自己的观点呢？

● 委婉地表达自己的观点

说话的艺术是让听话之人心领神会，明白你话中的锋芒所在。所以，无论你遇到的是针对你的敌人还是帮助你的友人，你都要具备委婉暗示和说话含蓄的能力。

● 站在有理的一边

生活中，很多人都喜欢用隐晦的语言，含沙射影地表达自己的弦外之音，即便有嘲讽之意也不会过于刺耳。我们在观察和学习这一技巧的时候，要想更好地把控交际的局势，让对方接受我们的暗示，还必须站在有理的一边，那样才更有说服力。

● 在善意的氛围中旁敲侧击

有些人虽然能接受我们的暗示，但却是在被迫的情况下接受，心里还是会不舒服。因此，我们要尽量不伤感情地营造善意的氛围，提醒对方，让他既能接受，事后还会感激我们的"口下留情"。

做人大比拼
声东击西表达法

○ 声东击西地表达不满

妻子喜欢唱歌，但是水平特别差，经常扰得丈夫无法休息，丈夫多次劝说也效果不佳。有次深夜，妻子又自得其乐地唱起了难听的歌，丈夫便急忙跑到大门口站着。妻子不解地问道："大晚上的，你跑到门口站着干吗？"丈夫一字一顿地回答道："我这样做，是为了让邻居知道，我并没有打你。"

这位丈夫的回话，表面上看似答非所问，实则是用了一种声东击西的说话艺术。妻子乍一听，也不甚介意，但过后细想，便能体会其中的隐含之意。丈夫的回话是在说，妻子发出的声音，不是被自己殴打所致，意在表达妻子唱得实在是太难听了，就像被打得惨叫一样。

○ 声东击西地表达批评

一个年轻人，带着一份七拼八凑的乐曲手稿，来请教一位著名的作曲家。在年轻人演奏的过程中，这位作曲家不停地脱帽。年轻人不解地问道："是屋里太热了吗？"作曲家回答道："不是的，我有见到熟人就脱帽的习惯。在阁下的曲子里，我碰到了好多熟人，不自觉地就脱帽了。"

作曲家巧用"那么多熟人"来暗示年轻人的曲子缺乏新意、抄袭过多的问题，既含蓄又明确地表达了自己的观点和立场，还给对方留了面子。

声东击西的说话方式，其实是一种旁敲侧击的提醒，并且是用幽默的方式展现，在把别人逗笑的同时，透露出自己难以说出口的想法，从而让对方理解并尽可能去接受或配合。

💡 声东击西地表达不满

老公，我唱歌给你听吧。

❌

不要了，你唱歌太难听了，我可受不了。

老公，我唱歌给你听吧。

✓

好的，不过先让我站到门口。我得让邻居看到，我没有打你。

💡 声东击西地表达批评

您觉得我创作的曲子怎么样？

❌

你这是抄了多少人的曲子？

您为什么不停地脱帽？屋里很热吗？

✓

不，我有见到熟人就脱帽的习惯。在你的曲子里，我碰到了那么多熟人，不得不连连脱帽啊！

下篇

会办事

第七章

真正会办事的人，
都懂得换位思考

办事的时候，如果总习惯以自己的思维方式去想问题，就很难赢得对方的支持和帮助，甚至让对方冷漠地走开。只有善于换位思考，考虑对方的难处，才能博得对方的同情，把事情顺利办成。

站在对方的角度，去说服对方

真正会办事的人，共情能力都很强，他们不会自说自话，也不会只从自己的角度考虑问题，他们都懂得换位思考。在求人办事的时候，他们首先会充分考虑对方的利益，然后再提出自己的诉求，这样说服力就会大大提升。

生活中，说服别人几乎是我们每天都要面对的问题。我们想办法让领导接受我们的建议，想办法让客户相信我们的诚意，想办法让朋友理解我们的心情，这些都是不容易的事情。

此时，很多人最直接的做法都是尽力展示出能够支撑自身理论的依据，潜台词就是"我的想法才是正确的，你必须要尊重我的想法"。

但事实上，说服别人并不仅仅是强化自己的观点，强迫对方接受自己的观点，尤其是当双方都认为自己才是正确的那一方时，这种说服往往毫无作用。

很多时候，换个角度，选择站在对方的立场上想问题，看看对方的观点是什么，了解对方的理由和动机，并适当地顺应对方的想法去做，反而更容易减少双方的分歧和矛盾。

试着对自己这样说："如果我处在他的境地，我将有何感受，有何反应？"此举也会让你省去许多烦恼和麻烦，提高人际关系上的技能。

站在他人的角度去思考，会让我们在一个相对安全的位置上，通过将心比心的方式，赢得对方的尊重和信任。

故事
原价续租也"赚"大了

不好意思，滕先生，下个月开始，大礼堂不能租给您办培训班了。

我能理解您想多挣点儿的心情。您的场地要是租给举办舞会的，时间短、租金高，您的收益肯定更高。

是的，换作我，我也愿意多收点儿租金。不过，短租也有缺点，就是不稳定，空档期可都是损失。再说，租给我们，您还有隐性收入。

是呀，这年头，谁和钱有仇，您说是吧？

什么隐性收入？

我知道了，滕先生，我们按原价续约。

我们这个训练班面向的主要是中上层的管理人员，对您的场馆来说，这可是个不错的免费广告，以后承租都不成问题。

指点迷津
站在对方角度分析利弊

如何才能通过换位思考的方式有效说服对方？

◦ 先考虑对方的心情

我们可以先真正了解和感受对方的心情，然后再调整说服的方式，尽量站在对方的角度，以帮助对方解决问题的方式来说服对方。我们只有充分考虑对方的情感，照顾对方的情绪，在请对方帮忙的时候才有可能被人接受，而不至于被一口回绝。

◦ 选择容易让人接受的语气

在说服他人的过程中，我们应该选择温和、礼貌、客观、冷静的语气。这种语气不仅能充分展现说话者的能力和气度，还能在话题和对方观点之间找到一种平衡感，不至于让双方情绪失控，争论不休。

◦ 适当询问对方的观点

想要更好地站在对方的角度思考问题，可以在交流的过程中，适当停下来询问对方的观点和想法，从而更好地理解对方，避免主观臆断。同时，我们还要避免使用"你这样是不对的"这种定论式的言辞。

做人大比拼
站在对方的角度

○ 从对方的角度考虑问题

只有让对方感到你在为他考虑、替他着想，他才更容易接受你提出的看法或建议。

比如，你想让邻居向社区的一个公益项目捐款，如果你直截了当地提出要求，结果多半会被拒绝。

你可以先营造一种同情和信任的友好氛围，在看到对方似乎有些担忧或困扰时，这样说："我理解你的心情，如果换了是我，我也会……"这样可以充分表明你尊重他人感受，不会对他人进行道德绑架。当有了这样的态度之后，你再进行说服则会容易很多。

○ 让对方觉得你是自己人

与一个人相处的时间越长，你的话就越有说服力。因为时间一长，就会让对方觉得你是自己人。有些明明是最亲密的家人，却很难说服对方，原因就在于，你没有站在对方的角度进行劝说。

比如，一个优秀的销售员总是努力使自己的声音、音量和节奏与客户相称，甚至他的姿势动作、呼吸频率等也都尽量跟客户保持一致，这就是想让客户从潜意识里加深"对方是自己人"的印象。

一个啤酒厂的老板可以用各种专业数据和实践调查告诉你，为什么某一种啤酒比另一种要好；而你的朋友，不管他懂不懂酒，却可以对你选择买哪一种啤酒有更大的影响力。

💡 从对方的角度考虑问题

我孙子写作业那么辛苦，看会儿电视怎么了？

妈，您怎么又让您孙子看电视了，他作业都没写完呢！

我可指着我的大孙子有出息呢。我这就看着他写作业去。

您不想以后孙子孝敬您了吗？他现在一想偷懒就去找奶奶，有奶奶护着就可以不写作业了，不好好学习将来拿什么孝敬您啊？

💡 让对方觉得你是自己人

我那是应酬加放松，你别管！

你能不能别老熬夜打牌了，对你身体不好！

知道了，老婆，以后除了实在推不掉的应酬，我都不去了。

你是家里的顶梁柱，要是老熬夜打牌，身体搞垮了，全家人还能指望谁啊？

避免拿别人的"痛处"开玩笑

　　生活中有这样一种人，他们总喜欢揪住别人的缺点或者错误不放，甚至嘲笑取乐。我们要避免成为这样的人，任何时候都不要去触碰别人的痛处，揭别人的伤疤，否则很容易招来怨恨。

　　日常生活中，我们经常会遇到那种特别喜欢开玩笑，却又开错玩笑而让人讨厌的人。

　　雅丽的朋友在社交平台冒充雅丽的前男友，找雅丽复合。雅丽开始也不太相信，奈何朋友装得很像，连他们俩之间曾经的一些小秘密都能一一说出来。等到雅丽彻底相信了这个所谓的"前男友"，并深陷于纠结的情绪时，朋友却告诉她，这只不过是愚人节的一个小玩笑。雅丽气得直接把那个朋友的联系方式删了。事后，无论朋友怎么道歉，雅丽心里都不舒服。

　　生活中，总有不少人以为开玩笑能显得自己特别幽默风趣、平易近人，但其实并非如此。戳到别人痛处的玩笑，既不幽默，也不高级，反而显得情商太低。

故事

别拿别人的"痛处"开玩笑

张经理这个项目完成得非常好，我提议咱们为张经理的成功干一杯！

客气了。

从张经理的个人经历来看，我得出一个结论：要想混出个人样，必须具备三证——毕业证、离婚证、资格证。

指点迷津

开玩笑要注意分寸

滕哥，我一哥们儿个子很矮，我调侃了他一句，他就不理我了。开个小玩笑，至于吗？

你以为的小玩笑，在对方看来，不亚于往他的伤口上撒盐。

朋友之间连开开玩笑都不行吗？

可以开玩笑，但要注意分寸，冒冒失失拿别人的"痛处"开玩笑就太伤人了。凡事多从别人的情感角度出发，将心比心，才能知道哪些玩笑能开，哪些玩笑不能开。

如何避免拿别人的"痛处"开玩笑？

我们在和别人开玩笑的时候，应当避免拿别人的短处、缺陷，或者拿别人的人品、道德来开玩笑，也不要在别人自黑的时候去附和。

在和别人开玩笑之前，我们应该先想想对方曾经有没有因为你开玩笑的这个"点"或者类似的"点"而表现出不开心或者不舒服。如果有，那么一定要及时规避，哪怕他故作轻松地表达"没关系，我不在意"，也要避免涉及。比如，经济状况、身材、长相等，都属于敏感话题，能不提及就不要提及。

不能随便拿对方的"痛处"或缺点开玩笑，我们可以拿对方的优点来开玩笑。这样的玩笑不仅可以规避开错玩笑的风险，往往还带有赞美的意味，结果大家都很开心。

做人大比拼
戳别人"痛处"的玩笑，一点儿也不好笑

别人听完笑了的话，才叫玩笑；别人听完难受的话，那叫言语攻击。拿别人的"痛处"乱开玩笑，其实是一种语言暴力。

一个宿舍的同学，因为肤色比较黑，一直有些自卑。一般人都知道主动避免聊到此类话题。结果有天宿舍停电，有个舍友突然没心没肺地拿手电筒照她，还大开玩笑地说："啊，我怎么觉得，开了手电筒也看不到你啊！哈哈

哈……你怎么黑得都隐身了！"结果被戳中"痛处"的那位同学，气了一晚上，再也没跟这个舍友说过话。

拿别人"痛处"开玩笑的人，哪怕再怎么无意，也会让人十分讨厌。每个人心里都有自己在意的点，都有那些敏感的不足为外人道的地方。偏偏有些人为了取乐，当众揭人伤疤，自以为好笑，反而显得特别过分，也让气氛异常尴尬。

当我们因为不小心开了别人的玩笑而观察到对方的脸色有些不太对劲时，千万别想着打圆场往回找补，甚至还抱怨对方开不起玩笑。开了不恰当的玩笑，就要为自己的话负责。不是什么话都能用"开玩笑"三个字遮掩过去的。知道别人因为你的话而不开心，就应该大大方方地说句抱歉，并表示下次绝对不会这样说了，而不是嬉笑着打马虎眼，伤害了别人还觉得是别人小题大做。

💡 别拿别人的缺陷开玩笑

特别 会处世 的人这样做

💡 别拿别人的"痛处"开玩笑

你小子可以啊！听说又加薪了，也难怪头发掉这么多，都快成"光头强"了。

你才是"光头强"！

你确实聪明，这么快又涨工资了，脑子确实比我的好使。来，祝贺你，干杯！

过奖，过奖，干杯！

↳ 从对方的角度考虑问题

真正会办事的人，懂得从对方的利益角度考虑问题。一个斤斤计较、要拿八分利的人，也许只有一个人愿意与他合作；能拿七分利，却只拿六分的人，会有十个人愿意跟他合作。

一次采访中，主持人问一位著名企业家："如今您在商业上如此成功，有什么秘诀可以跟我们分享一下吗？"企业家说："这么多年的摸爬滚打，让我知道做生意靠的不仅仅是商业头脑。早年的时候，我也破产过。那时候我自诩精明能干，凡事精打细算，谁承想一时不慎，输得差点儿"连翻身的本钱都没有了。我在很长一段时间都一蹶不振，不知道哪里出了问题。"

主持人问："那后来呢？您是怎样东山再起的？"企业家回答道："直到朋友指点，我才恍然大悟。当年的失败，最主要的原因就是我太过精明了，太过计较眼前的得失，不懂得让利，错失了很多机会。等我卷土重来的时候，我有意退让更多利益，生意反而越做越好了。"

商场中最常见的一种"耍小聪明"，就是妄图用一些小恩小惠去撬动巨大利益。这种行为在商场上一般很难得逞。

正确的方式是，如果你想得到一个较大的利益，首先给对方一个无法拒绝的回报。获得大利益的前提是自己必须要先有大格局，从对方的利益角度出发，先让对方获利，然后自己才能有所得。

故事
为贵公司利益考虑

之前商量的公司股票的交换比例为 85:35，但现在贵公司的股价已经跌了很多，我们希望能以 70:35 交换，没问题吧？

我们的股票确实跌了，可以调整。

我们先按 70:35 来定，如果并购当月，贵公司的股价又跌了，那我们就要再重新定了，不然我们公司就亏了。

现在的比例，我们已经损失巨大了。既然您说按照市价来定，那如果到时候我们的股价大幅上涨了，是不是也该调整比例呢？我觉得可以在合同里约定，把兑换比例定死。

我们不同意在合同里把比例定死。

双方律师的主张，都是站在己方公司的立场上考虑问题的，都是合理的，这一点我很理解。

所以，本着为公司股东利益着想的宗旨，我决定，我们的股价到时如果下跌，就按照那时的价格调整，如果上涨，就维持现在的交换比例吧。

合作愉快！

指点迷津
出让利益，赢得更多的合作机会

滕哥，能赚更多利润却不赚，会不会傻了点儿?

太过计较眼前得失，不懂得让利，结果多赚了眼前，却输掉了未来。

那要怎么做呢?

从对方的利益角度考虑问题，出让更多利益，赢得更多的合作机会，赢得口碑，赢得可持续发展的未来。

如何从对方的利益角度考虑问题?

♀ 理解对方的利益观

人们往往更愿意帮助那些能够满足自身利益的人。因此，我们需要仔细观察并充分了解对方的利益需求和利益观，以便在请求帮助或者洽谈合作的时候，能够突出对方的利益，增强说服力。

♀ 强调互惠关系

在谈判交流的时候，我们可以突出强调愿意为对方提供相应的回报或帮助的诚意，从而建立互惠互利的关系，这样对方更倾向于与我们合作，因为与我们合作的同时，会给他们带来更多好处。

♀ 建立长远利益关系

在求人办事的时候，我们不仅要看见眼前的利益，也应该考虑到建立长远利益关系的重要性。我们可以跟对方强调，双方通过持续的合作和相互支持，将会为未来的合作和互惠创造更多的利益和获利的机会。

做人大比拼
先交朋友，再做生意

业务员与客户之间是利益关系，但也不见得不能交朋友。不过，与客户交朋友，是需要一个过程的，不仅需要让一部分利，随时考虑给客户行方便，还需要日常性的情感维护。

如果你一上来就要客户照顾你的生意，客户往往不会真正放在心上。如果你从真诚地交朋友的角度出发，从日常小事情、生意小细节处着手，处处为客户考虑，让利给客户，便会逐渐积累客户对你的信任和好感。当客户真正把你当成朋友时，再谈业务便是水到渠成的事了。

比如，现在很多宝妈会建一个群，先通过宝宝这个共同话题交朋友，分享带娃心得，等群里人都熟悉了，有了一定的信任基础，再去找优质的供应链，分享到群里让大家按需购买，往往生意就这么做成了。毕竟大家关系都不错，从哪儿买都一样。

在现代商业社会，生意人的朋友少了，就无法更好地互通有无，做起生意来也难免磕磕绊绊、助力甚少。只有先让利给对方，广交朋友，才能带动业务发展，也能更好地打开生意人的视野和格局。

先交朋友，后做生意，是中国人做生意的一条规则。人脉即财脉，生意场上的朋友是最宝贵的商业资源，拥有这种资源，往往就掌握了赚钱的优势。朋友越多，合作伙伴就越多，生意也会越做越红火。

与客户方便，交个朋友

上次不是说退货推迟一周发吗？因为我这边库房暂时没腾出来空间。

对不起，我们也是按约定时间发出的，而且我们这儿也要腾库房啊！

滕总，您那边库房是不是暂时没腾出来？退回的货，我们可以晚几天发，您看需要推迟几天？

太好了，五天，五天就够了。太感谢了，要不然这些货真没地方放了。

只拿六分利，交个朋友

我们出资源又出设备，所以要拿八分利，这是我们应得的！

那不可能，我们没得赚了！

按理我们出资源又出设备，可以拿到八分利，或者七分也行，但是我们只拿六分利，没别的，只为交个朋友。

滕总果然有诚意，您这个朋友我交定了！

第八章

事在人为，
感情投资不能少

　　你向一个平时从不联系，彼此之间没有一点儿感情衔接的人求助，毫无疑问，99% 会被拒绝。就算开始交情不错的朋友，平时也要经常走动，保持联系，给感情保温。这样当你真的需要朋友帮忙时，他们才不会觉得突兀。

不计较，有时候是最佳的人情投资

　　与人相处，难免会有一些摩擦和分歧。若能大度一点儿，不和对方计较，甚至不计前嫌地去帮助对方，不仅能化干戈为玉帛，还能为自己存下一笔人情投资。

　　生活中总有很多不尽如人意的地方，不开心的事情也随时随地会发生。比如，领导无缘无故地训斥你，职称评定没有自己，邻居莫名其妙地说你闲话，家人动不动就和你吵架……

　　当面对这些不愉快的人或事时，为了观点的差异和别人争论不休，为了名利得失和别人作对，为了鸡毛蒜皮的小事和别人斤斤计较……只会让自己活在无休止的争吵和痛苦当中。

　　人心是复杂的，有时候你遇到一些心眼儿小、报复心强的人，你跟他们发生了冲突，跟他们计较，即使你赢了，他们也会怨恨你，甚至在以后的日子里想办法给你使绊子。

　　越聪明的人，越懂得不计较。与小人计较，就是在给自己找麻烦；与不相干的人计较，就是在浪费自己的时间；与熟人计较，就是在耗损彼此之间的感情；与不熟的人计较，就是在消耗自己的耐心。

　　所以，把时间放在做好自己的事情上，在自己的节奏里过好自己的人生，而不是斤斤计较、锱铢必较，这才是真正的赢家。

故事
多个朋友总比多个敌人好

滕总，那家小公司太过分了，在造谣我们的产品没他家的好，跟我们抢生意呢！

没关系，事实胜于雄辩，他们的小伎俩不会影响我们的生意。

有家小公司，靠抹黑我们来抢单，今天又让我损失了一笔五万元的订单。

小公司也不容易，要不要试着去沟通一下？多个朋友总比多个敌人好。

您好，我有个老客户，手里有个小订单，我想你们公司比我们做更合适。有没有兴趣？

真的吗？

嗯嗯，没问题，太感谢了！呃，之前多有冒犯，没想到您是这样的大好人。以后，您就是我亲大哥。

那个订单是这样的，它要求……

指点迷津
不过分计较，也是一种人情投资

滕总，面对别人的无礼甚至是恶意中伤，不应该反击回去吗？

冤冤相报何时了？

可是，就这么放过他了？

不过分计较，也是一种人情投资。

如何让自己成为一个不斤斤计较的人？

◆ 增强自我认知

我们要了解自己的情绪和行为，认识到什么事情会让自己变得斤斤计较。通过自我观察，我们可以更好地了解自己在特定情境中的反应，并及时采取措施调整心态。

◆ 保持感恩的心态

我们要专注于生活中积极的方面，感激自身所拥有的东西，而不是抱怨自己所没有的。有意培养自己的感恩心态，可以帮助你集中精力于更重要的事情，而不是在琐事上斤斤计较。

◆ 降低期望值

很多时候，我们之所以会斤斤计较，是因为我们对他人的期望值太高了。我们可以试着调整自己的期望，接受现实中的不完美，这样就不容易为小事而生气计较了。

♀ 学会宽容待人

宽容可以帮助我们理解他人的想法和行为。学会宽容待人，尊重他人的观点和立场，不仅可以减轻心理压力，还能帮助我们更好地经营人际关系。

做人大比拼
不跟他人计较

♀ 不跟亲人计较

血脉至亲，割舍不断。即使你再怎么生气，也没必要跟家人计较、争吵。虽说现实生活中，也会有一些不顾他人感受、喜欢按自己心意来、缺少边界感的亲戚，但是大多数人的出发点还是好的。对于你不认可的事情，你可以表明自己的态度，但是不要过于计较。因为等你真正遇到事情的时候，你会发现，在背后支持你的，还是自己的亲人。

尤其是自己的父母，他们的想法甚至价值观，可能都跟你大相径庭，但是也没必要跟他们较真儿。父母也有他们的顾虑，作为子女要学会理解和感恩。

♀ 不跟爱人计较

爱人是真正陪你走完人生旅程的人。对于爱人，能够让一步就让一步。输给自己爱的人，并不丢人。反而是那种一味计较，从不妥协退让，眼里只有自己的人，即使赢了，也会输了感情，失去了对方。感情是经不起消耗的，一旦造成伤害就需要花更多时间和精力去弥补。对于爱人，我们不妨站在对方的角度思考，多点儿包容，少点儿计较。

♀ 不跟朋友计较

跟朋友太计较，就是跟自己过不去。如果总因为一点儿小事就跟朋友计较，过分在意那点儿得失，那么你很可能就会失去最好的朋友，失去对方的真心，结果往往自己也很不开心。

○ 不跟同事计较

在与同事的交流中，难免有些摩擦和矛盾，如果自己太在意，不仅会影响同事之间的关系，还会影响自己的好心情，可谓得不偿失。只有学会不跟同事计较，才能有效避免同事之间的冲突，还能让你积攒好人缘。

 不跟邻居计较

你家的猫又偷吃我的腊肉！哪天逮住它，我绝对饶不了它！

你别血口喷人，说我家猫偷吃你家的腊肉，你有证据吗？

你家的猫最近挺馋啊，我看它挺喜欢腊肉，干脆送给它吃吧。

又跑去偷吃你的腊肉了？真对不起，我会买一块新鲜的肉，赔给你。

 不跟同事计较

我觉得王姐缺乏冲劲儿，不太适合这个项目。

这个项目现在人手不够，你有没有合适的人选推荐？你觉得王姐怎么样？

王姐呀王姐，谁让你在背后说我坏话，这可是你自作自受。

王姐，你做事细心又负责，这个项目我向老总推荐你去做。

我上次冤枉你了……谢谢你不和我计较。

关键时刻拉人一把

比起锦上添花，雪中送炭更加珍贵。关键时刻拉人一把，不仅更容易得到他人的感激，而且在你需要帮助的时候，对方往往也能拉你一把。

生活不可能一帆风顺，难免会碰到面临困境的情况，这个时候最需要的就是别人的帮助。这种雪中送炭式的帮助往往能让人感恩一生。正所谓，患难之交才是真朋友，懂得在关键时刻拉别人一把才是为人处世的大智慧。

东汉末年，周瑜用兵缺粮，一筹莫展之时见到了鲁肃。周瑜见鲁肃与一般的富豪乡绅不同，不仅学识广博，谈吐不俗，而且能文能武。周瑜便将军中缺粮一事与鲁肃说了。鲁肃听完，想也没想，便把自家的两仓米送了一仓给周瑜，解决了周瑜的燃眉之急。后来周瑜当上了大将军，牢记鲁肃的恩情，便把鲁肃推荐给了孙权，鲁肃最终得到了施展才干的机会。

那些受过你恩惠或者帮助的人，一般都会成为你最可靠的朋友。所以，想与人建立深厚的情谊，就要多做一些助人的事情。你帮助了别人，别人便会在心里记下你的情义，但凡讲良心的人，都会寻找机会回报你。

故事
感谢你当年拉我一把

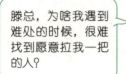

指点迷津

别人有难，伸手拉一把

滕总，为啥我遇到难处的时候，很难找到愿意拉我一把的人？

那你是不是也没在关键时刻拉过别人啊？

那我该怎么做？

别人有难，伸手拉一把，设身处地地急朋友所急，把好听的话落实到实际的帮助上。在平时就注意人情的积累，等到你需要帮助的时候，自然会有朋友来帮你。

困境中，如何让朋友伸出援助之手？

○ 平时多烧香，临时有人帮

朋友之间互相帮助，是一种感情投资。我们需要在平时悉心维护这种感情投资，不要等到紧急时才来抱佛脚，那样别人很可能就对你爱搭不理。

平时与朋友不断增进感情，增加信任度，保持互惠互利的关系，等到关键的时候，不用多说，曾经被你拉过一把的人，也会主动拉你一把。

○ 好钢用在刀刃上，不要滥用人情

感情投资，切忌索要人情、滥用人情，那样很可能适得其反。遇到一点儿小事，就到处打电话找人帮忙，把人情都用光了，结果真正遇到大麻烦时，反而没有人情可用，就得不偿失。好钢用在刀刃上，关键时刻、重要时刻再去兑换人情，往往更容易获得别人的帮助。

做人大比拼
当朋友遇到困难，伸手拉一把

当朋友突遭生活上的困窘时，我们应该尽自己的所能，解囊相助。对身处经济困难的朋友而言，实际的帮助往往比空头承诺好一百倍。只有设身处地地急朋友所急，想朋友所想，帮朋友所需，才能体现出友谊的可贵。

○ 当朋友遭遇不幸时，伸手拉一把

在朋友不幸病残或者失去亲人时，我们应该用真心去关怀朋友，用爱心去抚慰朋友心灵的创伤，用理智和正能量去拨开朋友眼前的雾霾。相反，如果对朋友的不幸置之不理，甚至幸灾乐祸，那么你和朋友之间就没有什么友谊可谈，等你下次需要别人帮忙的时候，也不会有人愿意拉你一把。

○ 当朋友犯了错误时，伸手拉一把

朋友犯了错误，我们也会为他感到羞愧。但是，与其担心继续和犯了错误的朋友相交会连累自己，不如帮助犯了错误的朋友积极改正错误，与朋友并肩而行，这才是真正的朋友。赢得友情往往是因为在关键时刻你伸手拉了对方一把。

○ 当朋友被孤立时，伸手拉一把

当朋友被孤立时，如果你为了讨好大多数人，保持沉默，甚至倒戈相向，那往往就成了友谊的可耻叛徒。试想一下，如果你横遭打击，或者被孤立，有人理解你、支持你，坚决同你站在一起，那你一定会把对方视为挚友，也会为找到一个真正的朋友而感到高兴。

💡 当同事被辞退时，伸手拉一把

你可能委屈，也可能不服，但是你被辞退了。再见。

此处不留爷，自有留爷处。

谢谢你！

这是我一个朋友的名片，他那里应该有你能胜任的工作。如果你有需要的话，可以试着联系他。

💡 当与你有过节的人走投无路时，伸手拉一把

嘿，想不到你也有今天。想当初，让你在背后算计我们。

随你怎么说，反正我现在已经这样了。

以前的事，都过去了。如果你愿意，到我们公司来上班吧。

如果您能不计前嫌，我愿全力以赴。

善于记住别人的姓名

　　善于记住别人的姓名，既能表现出你对对方的重视，也能快速拉近彼此的距离，增加对方对你的好感。善于记住别人的姓名，既是一种礼貌，也是一种感情投资，在人际交往中有意想不到的效果。

　　生活中，我们常常会遇到需要记住别人名字的时候。事实上，记住对方的名字，是一种最真诚的赞美，也是获得对方好感最简单、最重要的一个方法。

　　王科在公司是个很受欢迎的人，人缘好得让人羡慕。其实，他工作能力一般，才华也并不突出，但是他有一项特殊的才能，就是只要打过招呼，就会记住对方的名字。他之所以会记住别人的名字，也不是因为天赋异禀，而是因为他很用心去记。

　　王科回家后甚至会把见过的同事的名字写在纸上，认真记忆，默默背诵。就这样，别人的名字他都记得一清二楚。他的好人缘也正是得益于名字带来的特殊魔力，因为无论对于谁来说，传递给他最好听、最重要的声音，就是自己的名字。

　　虽然记住别人的姓名看起来是件微不足道的小事，但是当我们在社会交往中，能第一时间准确说出对方的名字，往往体现出别人在你心目中的分量。这样做，不仅展示了我们的素质和修养，还有利于拉近我们与对方的关系。

故事
喊名字比喊学号更尊重学生

这次试讲咋样啊？

竞争挺激烈的，可能没戏了。跟这帮孩子相处快一周了，真要离开，还有点儿舍不得……

恭喜您被我校录取了。

真的吗？我能留下来了？

您能告诉我，我被录取的原因吗？

说实话，论试讲的精彩程度，您还稍逊一筹。但是您在课堂提问时叫的是学生的名字，而不是像其他人那样叫学号。我们更倾向于聘请愿意去了解和尊重学生的教师。

指点迷津
养成记住别人名字的好习惯

我最近因为喊错了一个同事的名字，同事对我爱搭不理的。我只是一时忘记了，用得着这样小肚鸡肠吗？

名字对于每个人来说都有非常重要的意义。叫错别人的名字，不仅意味着不礼貌，还意味着一种否定和轻视。

我有点儿脸盲，别人的名字总是记不住，该怎么办？

在日常生活中，留心收集别人的名片，打招呼的时候称呼别人的全名，用联想法、速记法等记忆方法，用心去记，渐渐就能养成记住别人名字的习惯了。

如何才能准确地记住别人的名字呢？

首先，我们需要高度集中注意力。初次见面被告知名字时，最好自己重复一遍，并请对方把名字解析一遍，以加深印象。

其次，我们可以把对方的姓名脸谱化，或者将其身材形象化，将对方的突出特征与姓名联系在一起。或者，把对方的名字和某些事物，如熟悉的人名、地名等关联起来，一起输入大脑，从而增强记忆。

再次，我们还可以借助交换名片的方式记住对方的姓名。我们需要把名片分类整理好，或者把新结识的人及时记在通讯录上，时常翻阅巩固。

最后，我们还可以通过交谈来增进了解，并在交谈中频繁叫对方的名字，从而加深记忆。

做人大比拼
记住初次见面的人的名字

初次见面时，当对方介绍完自己的名字后，我们可以采用提问的方式来加深印象。

如果不太确定对方的名字怎么写，我们可以委婉地问道："抱歉，您能再说一次吗？我没听清楚。"或者问："您这个名字有点儿特别，您能再说一遍吗？"

如果我们已经知道对方的名字是哪几个字，我们可以问："您的名字真好听，有什么特殊含义吗？"对方听你这么一问，往往会有兴趣把自己名字的由来，或者起名时相关的背景讲清楚。等对方讲完之后，我们就会记得更牢固。

初次见面时，想更有效地记住别人的名字，我们还可以在谈话的过程中，有意识地将对方的名字多重复几遍。

比如，在谈话开始之前，我们可以说："很高兴认识你，某某。"在谈话过程中，我们也可以这样说："这是我的一点儿小看法，某某，你说说你的看法。"在谈话结束时，我们还可以说："某某，跟你聊天真开心！"

只要经常重复一个人的名字，往往就会形成自然反应。等我们下次再见到这个人的时候，就能一下子叫出对方的名字。

记住顾客的名字

第九章

不要直线思考，
精于变通不碰壁

常言道："做人宜持守，做事当善变。"一个堂堂正正的人，能够坚守自己的原则，但在做事的时候，不能总是直线思考、生搬硬套，要懂得具体问题具体分析。一个人只有精于变通才能在这个日新月异的世界中不碰壁。

学会另辟蹊径

> 直线型思维的人，不会拐弯，常常一条道走到黑，在南墙上撞得头破血流。而善于变通的人，往往能跳出传统思维，不受经验的限制，从而找到解决问题的新途径。

一个吝啬的富豪，每次出门都担心家中被盗。他想买只狼狗拴在院子里，但又不想雇人喂狗浪费钱财。于是他另辟蹊径，把家里的无线网络改成了无密码，然后就放心出门了。这样一来，每次回来他都能看到十几个人捧着手机蹲在自家门口，再也不用担心家中被盗了。

看家护院，不一定要买狗。互联网时代，处处可以打破传统，另辟蹊径。

当今职场也是如此，面对一群"个性鲜明"的年轻人，老一套的说教已经不适用了。作为领导者，不妨"与时俱进"，用当下流行的说法与员工对话，从而更好地解决问题。旧东西一定要有新说法，另辟蹊径才容易被年轻人接受。

无论是工作中还是生活中，我们遇到的很多棘手问题，看似难以解决，其实都是"纸老虎"。只要换个思路想问题，另辟蹊径，这些问题往往都能迎刃而解。

故事
我有办法让你坐上去

都说你们年轻人头脑灵活，点子多，你们谁有办法让我从这椅子上下来吗？

老王，您又来逗乐了，让您下来还不简单吗？我这肱二头肌能是白练的？我给您拉下来不就完了。

那可不行，你只会给我拉坏了。只可智取不可豪夺！

您坐在椅子上嘛，我没办法让您下来。不过，如果您没坐在椅子上，我却有办法让您坐上去。

哦？那也行啊，我倒要看看你有什么本事。

您看，您这不已经从椅子上下来了吗？

你总是不按常理出牌啊！

指点迷津
打破常规思维，另辟蹊径

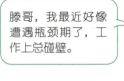

滕哥，我最近好像遭遇瓶颈期了，工作上总碰壁。

工作任务的难度提升了，固有思维、常规思路往往解决不了问题。

那我该怎么做？

遇到难以解决的复杂问题，以往的经验没法用的时候，要善于打破常规思维，打破传统。你可以通过逆向思考、转换看问题的角度，或者使用以退为进、声东击西等方法，另外开辟一条解决问题的新途径。

如何打破常规思维，另辟蹊径？

◉ 注重观察和思考

我们需要学会用心观察和思考，了解周围的事物、人物和环境，思考如何用不同的方式方法去解决问题。注重观察和思考可以帮助我们拓宽思路和眼界。

◉ 培养好奇心和求知欲

我们需要保持旺盛的好奇心和求知欲，去了解不同的领域和行业，掌握不同的知识和技能，从而学习不同的经验和方法，打破常规思维的限制。

◉ 鼓励试错和创新

我们需要尝试不同的思路和方法，不断尝试新事物和新做法，在不断试错的过程中，打开思路，实现创新。

● 保持乐观心态

我们还需要以积极乐观的心态去看待当下面临的困难和挑战，相信自己的能力和创造潜力，保持越挫越勇的斗志，在激烈的竞争中脱颖而出。

做人大比拼
另辟蹊径，把东西卖给不急需的人

把梳子卖给和尚，正如把冰块卖给因纽特人一样，都是想推销一件商品给没有急迫需求的客户，看上去是一项不可能完成的任务。但是，对具有创新思维的销售精英而言，他们所面临的工作，大多都是此类看似不可能完成的任务，以及超越自我的挑战。他们做的正是将所有不可能，通过自己的努力和销售技巧，变成一种实实在在的可能。

"和尚根本不需要梳子"，梳子不可能卖给和尚，这是一般销售员的普遍想法。

事实上，市场是可以创造的，没有需求就开发需求。

精英销售员会这样推销："贵寺每天如此多的善男信女，风尘仆仆而来，只为拜佛许愿，但他们进庙时大都灰头土脸，如此失仪岂不是对佛祖的不尊重？您不妨设立一间盥洗室，多备上几把木梳，方便香客叩拜前整理仪容，岂不美哉？"

而王牌销售员则会这样推销："本地方圆百里共有五座寺庙，每处寺庙均有良好的服务。像您安排的香客梳洗服务，别的寺庙早就有了。如果您想让贵寺香火更旺，您可以把我这里准备的一百多把精致的木梳作为赠礼送给香客，木梳上刻上'积善梳'三个字，寓意美好。如果需要，我还可以把贵寺的名字一并刻上去。"

优秀的销售，会打开思路，以客户需求为导向，紧抓客户的消费心理，大胆设想，逐步引导，最终实现销售目标。

把梳子卖给和尚

我这儿新到了一批物美价廉的梳子，贵寺买一些吗？

你开什么玩笑！你觉得我需要梳头吗？

蓬头垢面是对佛祖的大不敬，贵寺应该在每座佛殿前放一把木梳，以供善男信女叩拜前梳理。此外，木梳还可以作为回赠品，刻上"积善梳"三个字，广积善缘。

妙哉！妙哉！

 换种方法解决问题

等会儿董事长要见你，这是准备好的衣服，不过衣服上有点儿污渍。

没关系，我去卫生间洗一下，看能不能洗掉。

这是为你准备的等会儿见董事长要穿的衣服，不过上面有点儿污渍。

我用包把污渍挡住就好了。

行不通就换招儿

生活中，思维死板的人，在与他人的交往中，往往墨守成规，处处碰壁。一个人只有处事灵活、精于变通，才能得心应手、左右逢源。

当你驾车在路上，眼看就要到达目的地时，前方突然出现一块警示牌，写着"此路不通"，这时你会怎么办？

有的人选择继续走下去，不撞南墙不回头。结果可想而知，这样的人，只能在碰了钉子后灰溜溜地掉头返回。这样的人往往在工作中因"死脑筋"而多次碰壁，空耗了时间和精力，做了很多无用功，也无法提高工作效率。

有的人选择停车观望，因为"此路不通"，不再向前走，但也不掉头，因为已经走了那么远，掉头岂不可惜？于是停车良久也未能前进一步，就这样停留在原地左右徘徊。这样的人在工作中，常常会因为优柔寡断而丧失机会，业务没有进展不说，还会留下很多遗憾。

还有的人，他们会毫不犹豫地掉转车头，果断寻找另一条道路。也许还会再次碰壁，但他们会不断尝试、不断前进，直到找到那条可以到达目的地的道路。这种人才是生活中真正的勇者和智者，他们懂得变通，努力寻找解决问题的办法，往往能够取得不错的成就。

真正追求卓越的人，都是注重寻找方法的人。当他发现一条路不通或者太挤时，总能够及时转换思路、改变方法，最终找到一条更为通畅的道路。

故事

谁敢惹咱俩

指点迷津

告诉自己，总会有办法

　　我们做任何事，思考任何问题，一种方法解决不了，就想另一种方法，行不通就换招儿。那么，我们具体该怎么做呢？

我们知道，每年都有很多家新公司获准成立，然而五年后，却只有一小部分能够继续运营。那些选择放弃的公司，正是因为在遭遇困难时，没有再坚持。因此，我们首先要告诉自己"总会有办法解决的"，一定要拒绝"无能为力"的想法。

我们应该随时检查自己的选择是否有偏差错漏，然后合理调整自己的目标，放弃无谓的固执。当我们钻牛角尖的时候，很容易忽视解决问题的方法，这时候我们不妨停一停，然后再重新开始。只有懂得变通的人，才可以在恰当的时机灵活地把事情做好。

做人大比拼
换个招儿拍照

有位摄影师，每次拍的集体照上都有闭眼的人。闭眼的人自然对照片很不满意："我那么长时间都睁着眼，你为什么偏偏给我抓拍了一张闭眼的？"

为了不再被客户责怪，这位摄影师开始在拍照的时候喊"一、二、三"，但又发现，有些人坚持了半天后，恰巧在喊到"三"的时候坚持不住了，结果集体照上还是有闭眼的。于是摄影师又换了个思路，他先让所有人闭上眼睛，同样听他喊"一、二、三"，但要在他喊到"三"的时候同时睁开眼睛。这次，果然一个闭眼的人也没有了。

当我们遭遇困境时，一个思路行不通，就要果断换另一种思路。只有这样，新的创意才会出现，化解困境的方法也才会浮出水面。

谁能在不戳破气球的情况下，将一只气球装到一个瓶子里？可能很多人试了很多种方法，最终都未能如愿。但其实，你只要轻轻解开气球嘴处的绳子，并将瘪掉的气球塞进瓶子里，只留下吹气的口在外面，然后用力吹气，很快气球就完美地装进瓶子里了。

很多时候，改变一下方法，换个招儿，难题就会迎刃而解。

换个招儿拍照

你会不会拍照？给我拍的照片怎么都是闭着眼的！

那能怪我吗？每次我数到"三"你都坚持不住就闭眼了！

你会不会拍照？给我拍的照片怎么都是闭着眼的！

我再试一次，你先闭上眼睛。我数到"三"，你就睁大眼睛。

 ## 文字不行就换图片

这部分文字你还没处理好。

我已经尝试了所有的办法去写了，客户还是不满意。我能怎么办？

我想应该可以去找美工组设计一张图放上面。

你有办法吗？